情商高就是会社交

烟波 / 编著

吉林文史出版社
JILINWENSHICHUBANSHE

任何人都无法孤单地活在世上，在人际关系越来越重要的现代社会更是如此。每一个人生活的幸福、工作的成功都离不开与他人的交往。在人际交往的过程中，我们难免会碰到这样那样的问题，比如，如何塑造良好的第一印象？怎样快速说服别人？怎样让别人跟自己愉快合作？怎样在职场中获得上司的青睐、同事的支持……如果不能很好地解决这些问题，就会影响人际交往的成效，影响人际关系的建立与发展，甚至影响事业的成功。

现实生活中，有的人潇洒从容，谈笑风生间诸多问题就得以迎刃而解；有的人忙忙碌碌，到头来却一事无成，落寞失意。接连不断的困顿和坎坷，都在告诉你一个不争的事实——只靠着一股蛮劲横冲直撞，是抵达成功的最远路途，在社会交往中懂得策略才是最重要的。策略是使环境对自己更加有利的计策谋略，是令事业更上一层楼的巧言妙语，也是情商高的表现。在处理各种事情的时候，懂得用策略来作为润滑剂，困难的事情往往就会变得简单起来。

要掌握社交策略就不能不懂心理学。只有走入他人的内心深处，把握心理脉搏，洞悉人心的奥妙变化，才能运用恰当的策略赢得人心！聪明的人之所以聪明，成功的人之所以成功，就是因为他们懂得将心理学与社交策略结合起来，时刻注意运用心理策略辨人识人，营造和谐的人际关系，知道何为"难得糊涂"，懂得进退有度，因而能在各种人生场景中游刃有余。如果你不懂为人处世的心理策略，不知与上级、同事、下属、朋友、爱人、家人的相处之道，就难免处处碰壁，使人生陷于庸碌无为的困局。懂得心理策略，既能防止别人伤害到自己，同时也可以增强自身的竞争力和适应力，为我们的人生创造更多的可能和精彩。

人际关系的成败，与心理学有着千丝万缕的联系，一旦掌握了相关的心理学知识，工作和生活中的许多难题就能迎刃而解，就能建立起完美的人际关系。本书旨在帮助读者运用心理学的知识和技能，建立完美的人际关系。全书从交友、职场、商场、爱情等与人们生活息息相关的各方面讲述人际关系中的心理学知识和技巧，深入挖掘人性背后的心理秘密，巧妙揭示人们内心深处的行为动机，以期帮助读者迅速提高说话办事的能力，掌控人际交往主动权，从而避免挫折和损失，一步一步地落实自己的人生计划，获得事业的成功和生活的幸福。

第一章　世上没有陌生人，只有未结识的朋友

巧说第一句话，陌生人也能一见如故 … 2

熟记名字，更容易抓住他的心 … 5

用细微动作可以拉近与陌生人的距离 … 8

认真清点你的朋友，区分"损友"和"益友" … 11

像打理衣柜一样做好人际交往资源的清理工作 … 14

别出心裁称赞他人，增进彼此好感 … 16

第二章　形象是最好的名片，第一印象很关键

注重形象，"首因效应"的作用会持续 7 年 … 20

用衣服包装自我，用魅力打动他人 … 23

修饰面容，气色好才迷人 … 28

出门前，请先"理"好你的头发 … 30

善用饰品会提升自身形象 … 35

让足下生辉，别以为别人不会注意你的脚 … 37

别让小细节毁了你的形象 … 40

第三章 举手投足显风度，打造优雅社交范儿

站立如松，行动如风 … 44

坐姿从容淡定，卧姿优雅大方 … 47

交换名片是继续联系的纽带 … 50

双手是你的第二张脸 … 52

握手的礼仪是从掌心开始的交流 … 55

"身送七步"，注意送人的礼节 … 58

接电话，别让铃响多于三声 … 61

商务赞助会，助人利己不可颠倒主次 … 62

第四章 真诚待人获信任，亲切和蔼赢好感

层层释疑，让对方放下心理包袱 … 66

把"他应该知道"的事详细告诉他，消除不信任感 … 68

用好态度打消对方疑心，让他知道你可信 … 69

恪守信用能赢得对方长久信赖 … 72

真诚分享个人体验是赢得信任的绝佳方法 … 74

学会推销自己，让他知道你重要 … 77

第五章　把握时机说好话，跟谁都能聊得来

抓住对方的心理，把话说到点子上 … 82

避免争论，绕过矛盾 … 83

必要时刻，向对方适当提出挑战 … 88

用商量的口吻向对方提建议，柔中取胜 … 91

巧妙提问，让对方只能答"是" … 93

让对方觉得那是他的主意 … 95

第六章　打圆场化尴尬，不费力气送人情

心领神会，替别人遮掩难言之隐 … 102

发生冲突时学会给人余地 … 104

遭遇尴尬，要给他人台阶下 … 106

打圆场要让双方都满意 … 108

诙谐地对待他人的错，也让自己过得去 … 111

巧妙暗示，远远胜过当面指责 … 113

第七章　破僵局解困局，三分搭台七分唱戏

不妨将计就计 … 118

"背后鞠躬"，消除对方的敌意 … 120

巧妙自嘲，消除双方的尴尬，让你赢得更多 … 122

以低姿态化解别人对你的嫉妒 … 125

面对刁难，学会以谬制谬 … 127

及时弥补失言，掌握社交的主动权 … 131

第八章　四两拨千斤，打好拒绝式太极拳

拖延、淡化，不伤其自尊地将其拒绝 … 138

通过暗示，巧妙说"不" … 140

先说让对方高兴的话题，再过渡到拒绝 … 142

艺术地下逐客令，让其自动退门而归 … 145

利用对方的话来拒绝他 … 148

顾及对方尊严，让他有面子地被拒绝 … 150

找个人替你说"不"，不伤大家感情 … 152

第九章　礼尚往来，让人情常在

关键时刻伸手相助 … 156

交人交心，人情投资要果断 … 158

交往次数越多，心理距离越近 … 160

主动吃亏，让对方不得不还你人情 … 162

互惠，让他知道这样做对他有利 … 164

强者也要装脚痛，更好地处理人际关系 … 167

帮助别人就是在帮助自己，给人好处不要张扬 … 169

第十章　酒席宴上无远近，迎来送往做场面

宴请"地理学"，选择地点有门道 … 174

摸清主角，点菜如同"点秋香" … 175

结尾应酬好 … 177

商务"概念饭"，吃得巧胜于吃得好 … 179

敬酒分主次 … 182

把盏不想强欢笑，巧妙拒酒显风流 … 183

酒桌上，会听话更要会说话 … 186

第十一章　交友要交心，真诚最感人

深交靠得住的朋友，才能永远借力 … 190

结交几个"忘年知己"，友谊路上多份力 … 192

穿朋友的鞋子，增进彼此交情 … 194

"刺猬哲学"才是交友之道 … 197

让朋友表现得比你出色 … 200

与朋友说话时的三大禁忌 … 202

第十二章　职场进退有度，混得风生水起

应对面试官，要根据其性格特点从容施策 … 208

面试中要根据不同的提问进退自如 … 210

切勿功高震主 … 212

职场"亡羊"，就要技巧地"补牢" … 214

对待难相处的下属，要因势利导 … 218

读懂不同类型的同事，才能制造融洽气氛 … 220

领导能力比自己强的下属：一用、二管、三养 … 223

宽容对待下属的过失，对方更愿意被你领导 … 225

第十三章　把客户变成朋友，再也不为生意发愁

设立共同目标，迅速拉近距离 … 230

反客为主，失礼而不失"理" … 231

无事也要常登"三宝殿" … 233

不争之争，才是上争的策略 … 235

设身处地为对方着想赢得信任 … 238

当众拥抱你的敌人，化被动为主动 … 240

有好处分他人一杯羹 … 241

第一章

世上没有陌生人，
只有未结识的朋友

巧说第一句话，陌生人也能一见如故

假如在一个严冬的夜晚，与一位现在很陌生但希望将来能成为朋友的人见面，你想说些什么作为初次见面的开场白呢？

大多数人都认为从谈天气切入最好，如"今晚好冷啊"。可是，单纯地使用它，虽然彼此能引出一些话来，但这些话往往对你们彼此无关紧要，于是，再深一步的交谈也就出现困难了。不过，如果你这样说："哦，今晚好冷！像我这种在南方长大的人，尽管在这里住了几年，但对这种天气还是难以适应。"相信，对方若也是在南方长大的，就会引起共鸣，接着你的话说出一些有关的事；对方若是在北方长大的，他也会因为你在寒暄中提到了自己的故乡在南方，而对你的一些情况产生兴趣，有了要进一步了解你的欲望，从而把你们的交往引向深入。

要知道，人都是独立的个体，都具有思维能力，与陌生人打交道时，你与对方都会存有一定的戒心，这也是初次交往的一种障碍。而初次交往的成败，关键就要看你们如何冲破这道障碍。如果你用第一句话吸引对方，或是讲对方比较了解的事，那么，第一次谈话就不仅仅是形式上的客套了。如果运用得巧妙，双方会因此打成一片，变得容易接近。

实际交往过程中，有的人采用一种很自然的、叙述性的谈话开头，也能给人一种亲切感，同时还能让人想继续向他询问一些细节。

在一个街道的计划生育办公室，一名记者正在了解此地青年男女早婚早育的情况。那位主管此事的女干部没有像他想象的那样给他列举一堆的数字，而是很自然地为他讲了个故事。

"今年的元月26日那天，这个街区某校的一名15岁的高中少女，初次见到本区的一个体户青年，这个青年也不过20岁出头，刚刚到法定的结婚年龄。元月29日，也就是距他们相识不过3天的时间，他们就双双到当地婚姻登记机构要求登记结婚，那少女发誓说她已工作，父母远在边疆，因此无须取得父母的同意。婚姻登记机构当然不相信，一定要她出示户口本以验证她的实际年龄，但他们却不知从哪里找来一治安人员，硬是替他们作了证，领取了结婚证书。就这样新郎为新娘租了一家旅馆，两人在那里住了3个月有余，少女的母亲发现时已为时过晚，因为少女已经怀孕，而新郎却在此后突然不知去向，并到现在为止，一直再没出现过。"

听完故事后，记者非常喜欢这段自然的开头，因为那名女干部说出具体的时间，令人预感将要有一段回忆或暗示一件有趣的事情要发生。令人产生渴望要了解细节的欲望，既为其采访提供了很好的素材，同时也从侧面揭示出早婚早育的后果。

总结来说，说第一句话的原则就是亲热、贴心、消除陌生感。常见方式主要有三种：

1. 问候式

"您好"是向对方问候致意的常用语。如能因对象、时间的不同而使用不同的问候语，效果则更好。对德高望重的长者，宜说"您老人家好"，以示敬意；对年龄跟自己相仿者，称"老×（姓），您好"，显得亲切；对方是医生、教师，说"李医师，您好""王老师，您好"，有尊重意味。节日期间，说"节日好""新年好"，给人以祝贺之感；早晨说"您早""早上好"则比"您好"更得体。

2. 攀认式

赤壁之战中，鲁肃见诸葛亮的第一句话："我，子瑜友也。"子瑜，就是诸葛亮的哥哥诸葛瑾，他是鲁肃的挚友。短短的一句话就定下了鲁肃跟诸葛亮之间的交情。其实，任何两个人，只要彼此留意，就不难发现双方有着这样或那样的"亲""友"关系。

例如，"你是××大学毕业生，我曾在××进修过两年。说起来，我们还是校友呢！""您来自苏州，我出生在无锡，两地近在咫尺，今天能遇同乡，令人欣慰！"

3. 敬慕式

对初次见面者表示敬重、仰慕，这是热情有礼的表现。用这种方式必须注意：要掌握分寸，恰到好处，不能胡乱吹捧，不说"久闻大名，如雷贯耳"之类的过头话。表示敬慕的内容也应该因时因地而异。

例如，"您的大作《教你能说会道》我读过多遍，受益匪浅。想不到今天竟能在这里一睹作者风采！""桂林山水甲天下。我很高兴能在这美丽的地方见到您这位著名的山水画家。"

不过，说好了第一句话，仅仅是良好的开端。要想谈得有味，谈得投机，你还得在谈话的过程中寻找新的共同感兴趣的话题，这样才能吸引对方，使谈话顺利地进行下去。

熟记名字，更容易抓住他的心

在日常应酬中，如果一个并不熟悉的人能叫出自己的姓名，就会产生一种亲切感和知己感；相反，如果见了几次面，对方还是叫不出你的名字，便会产生一种疏远感、陌生感，增加双方的心理隔阂。一位心理学家曾说："在人们的心目中，唯有自己的姓名是最美好、最动听的东西。"许多事实也已经证实，在公关活动中，广记人名，有助于公关活动的展开，并助其成功。

美国前总统罗斯福在一次宴会上，看见席间坐着许多不认识的人，他找到一个熟悉的记者，从记者那里一一打听清楚了那些人的姓名和基本情况，然后主动和他们接近，叫出他们的名字。当那些人知道这位平易近人、了解自己的人竟是著名政治家罗斯福时,大为感动。以后,这些人都成了罗斯福竞选总统的支持者。

记住对方的名字,最好时而高呼出声,这不仅是一种起码的礼貌,更是交际场上值得推行的一个妙招。你想一想,对于轻易记住你的名字的人,我们怎不顿觉亲切,仿佛双方是老友相逢,这时,他来求我们什么事情,我们怎好不竭尽全力予以优先惠顾呢?

在交际场上,如果第一次见面时你留给一位姑娘一个良好的印象,可是第二次见面时,你却嗯嗯啊啊地叫不出她的名字来,这位姑娘心里会不舒服,认为自己如此不具分量,她会记恨你一辈子的。那么,即使原来想好好谈谈,或谈生意,或谈人情,这一下子全变得兴味索然了。叫不出对方的名字,谈下去就没戏了,因此你或许断了一方财路,或许使一段姻缘夭折。

在对方面前,你一张口就高呼出他的名字,会让对方为之一振,对你顿生景仰之意。就是原本不利的情势,也往往会因为你的这一高呼而顿时"化险为夷"。

一位著名作家说:"记住人家的名字,而且很轻易地叫出来,等于给别人一个巧妙而有效的赞美。因为我很早就发现,人们把自己的姓名看得惊人的重要。"

对自己的名字是如此重视,不少人不惜任何代价让自己的名字永垂不朽。且看两百年前,一些有钱人把钱送给作家们,请他们给自己著书立传,使自己的名字留传后世。不言而喻,一个人对他自己的名字比对世界上所有的名字加起来还要感兴趣。

卡内基也是认识了这一点才成为钢铁大王的。小时候，他曾经抓到一窝小兔子，但是没有东西喂它们。他就想出了一个绝妙的主意。他对周围的孩子们说："你们谁能给兔子弄点儿吃的来，我就以你们的名字给小兔子命名。"这个方法太灵验了，卡内基一直忘不了。当卡内基为了卧车生意和乔治·普尔门竞争的时候，他又想起了这个故事。

当时，卡内基的中央交通公司正跟普尔门的公司争夺联合太平洋铁路公司的卧车生意。双方互不相让，大杀其价，使得卧车生意毫无利润可言。后来，卡内基和普尔门都到纽约去拜访联合太平洋铁路公司的董事会。有一天晚上，他们在一家饭店碰头了。卡内基说："晚安，普尔门先生，我们别争了，再争下去岂不是出自己的洋相吗？"

"这话怎么讲？"普尔门问。

于是卡内基把自己早已考虑好的决定告诉他——把他们两家公司合并起来。他把合作，而不是竞争的好处说得天花乱坠。普尔门注意地倾听着，但是他没有完全接受。最后他问："这个新公司叫什么呢？"

卡内基毫不犹豫地说："当然叫普尔门皇宫卧车公司。"

普尔门的面孔一亮，马上说："请到我的房间来，我们讨论一下。"

这次讨论翻开了一页新的工业史。

如果你不重视别人的名字，又有谁来重视你的名字呢？如果有一天你把人们的名字全忘掉了，那么，你也很快就会被人们遗忘。

记住别人的名字。对他人来说，这是所有语言中最甜蜜、最重要的声音。

如果你想让人羡慕，请不要忘记这条准则："请记住别人的名字，名字对他来说，是全部词汇中最好的词。"

熟记他人的名字吧，这会给你带来好运！

用细微动作可以拉近与陌生人的距离

与陌生人相处时，必须在缩短距离上下功夫，力求在短时间内了解得多些，缩短彼此的距离，力求在感情上融洽起来。孔子说："道不同，不相为谋。"志同道合，才能谈得拢。

我们在百货公司买衬衫或领带时，女店员总是会说："我替你量一下尺寸吧！"

这是因为对方要替你量尺寸时，她的身体势必会靠近过来，有时还接近到只有情侣之间才可能的极近距离，使得被接近者的心中涌起一种兴奋感。

每个人对自己身体周围，都会有一种势力范围的感觉，而这种靠近身体的势力范围内，通常只能允许亲近之人接近。如果一个人允许别人靠近他的身体四周，就会有种已经承认和对方有亲近关系的错觉，这一原理对任何人来说都是相同的。

本来一对陌生的男女，只要能把手放在对方的肩膀上，心理的距离就会一下子缩短，有时瞬间就成为情侣的关系。推销员就常用这种方法，他们经常一边谈话，一边很自然地移动位置，跟顾客离得很近。

因此，只要你想及早造成亲密关系，就应制造出自然接近对方身体的机会。

有一场篮球比赛，一位教练要训斥一名犯了错的球员。他首先把球员叫到跟前，紧盯着他的眼，要这位年轻小伙子注意一些问题，训完之后，教练轻轻拍了拍球员的肩膀，把他送回到球场上。

教练这番举动，从心理学的观点来看，确实是深谙人心的高招。

第一，将球员叫到跟前。把对方摆在近距离前，两人之间的个人空间缩小，相对地增加对方的紧张感与压力。

第二，紧盯着对方的双眼。有研究表明，给孩子讲故事时紧盯着他的眼，过后孩子能把故事牢牢记住。教练盯着球员的眼睛，要他注意，用意不外乎是使对方集中精神倾听训斥。否则球员眼神闪烁、心不在焉，很可能会把教练的训斥全当成耳边风，毫不管用。

第三，轻拍球员身体，将其送回球场。实验显示，安排完全不相识的人碰面，见面时握了手和未曾握手，给人的感受大大不相同。握手的人给对方留下随和、诚恳、实在、值得信赖等良好印象，而且约有半数人表示希望再见到这个人。另一方面，对于只是见面而没有肢体接触的人，则给人冷漠、专横、不诚实的负面评价。

正确接触对方身体的某些部位，是传达自己感情最贴切的沟通方式。如果教练只是责骂犯错的球员，会给对方留下"教练冷酷无情"的不快情绪。但是一经肢体接触之后，情形便可能大大改观，球员也许变得很能体谅教练的心情："教练虽然严厉，但终究是出于对我的一番好意！"

此外，与陌生人交谈，应态度谦和，有诚意，力求在缩短距离上下功夫，力求在短时间里了解得多一些。这样，感情就会渐渐融洽起来。我国有许多一见如故的美谈，许多朋友，都是由"生"变"故"和由远变近的，愿大家都多结善缘，广交朋友。善交朋友的人，会觉得四海之内皆朋友，面对任何人，都没有陌生感。

1. 适时切入

看准情势，不放过应当说话的机会，适时插入交谈，适时的"自我表现"，能让对方充分了解自己。

交谈是双边活动，光了解对方，不让对方了解自己，同样难以深谈。陌生人如能从你"切入"式的谈话中获取教益，双方会更亲近。适时切入，能把你的知识主动有效地献给对方，实际上符合"互补"原则，奠定了"情投意合"的基础。

2. 借用媒介

寻找自己与陌生人之间的媒介物，以此找出共同语言，缩短双方距离。如见一位陌生人手里拿着一件什么东西，可问："这是什么……看来你在这方面一定是个行家，正巧我有个问题想向你请教。"

对别人的一切显出浓厚兴趣，通过媒介物引发他们表露自我，交谈也能顺利进行。

3.留有余地

留些空缺让对方接口，使对方感到双方的心是相通的，交谈是和谐的，进而缩短距离。因此，和陌生人的交谈，千万不要把话讲完，把自己的观点讲死，而应是虚怀若谷，欢迎探讨。

不同的人、不同的心情，会有不同的需要。要想打动陌生人，就得不失时机地针对不同的需要，运用能立即奏效的心理战术。通过对方的眼神、姿势等来推测其当时的心思，再有效地运用，如拍肩、握手、拥抱等非语言沟通方式来传情达意，如果你懂得运用这些技巧，便能很快地拉近与陌生人的心理距离。

认真清点你的朋友，区分"损友"和"益友"

有些时候，我们会因为追求广泛的人气，一不小心让朋友账户里生出一些"杂草"。这些"杂草"，就是我们在聚集人气的时候交往到的一些"不良人士"。在我们的一生中，我们结交的朋友和与朋友相处的环境，对我们的一生会产生很大的影响。可以说，有着怎样的朋友，就会有着怎样的命运，总之人际交往就像一个大染缸，能把你染红，也能把你染黑，关键在于自己的选择。

《伊索寓言》中有一个故事：

一只虱子常年住在一个富人的床铺上，由于它吸血的动作缓而柔，富人一直没有发现它。一天，朋友跳蚤拜访虱子。虱子对跳蚤的来访目的、个性性情，一概不闻不问，热情招待。它还主动向跳蚤介绍说："这个富人的血是香甜的，床铺是柔软的，今晚你一定要饱餐一顿！"跳蚤梦寐以求，当然满口答应，巴不得天快黑下来。

当富人睡熟时，早已迫不及待的跳蚤立即跳到他身上，狠狠地叮了一口。富人大叫着从梦乡醒来，愤怒地令人搜查。身体伶俐的跳蚤一下蹦走了，不会跳跃的虱子自然成了不速之客的替罪羊，身死人手。它是到死都不清楚引起这场灾祸的根源。

正如这个寓言所要传达的意思，在选择朋友时要有自己的准则，要努力与那些乐观进取、品格高尚的人交往，这样可以保证自己有一个良好的学习和生活环境，让自己获得丰富的精神食粮以及朋友的真诚帮助，在好的环境中潜移默化地达到更高的高度。这正是孔子所说的"无友不如己者"的意思。

相反，如果你择友不慎，结交了那些行为恶劣、思想消极、品格低下的人，你会陷入这种极坏的环境难以自拔，甚至受到"恶友"的连累，成为无辜受难的"虱子"。

假如我们已不慎交上坏朋友，应采取敬而远之的态度。

总体来说要慎交以下这几种朋友：

1. 吹嘘认识大人物的人

一些到处吹嘘、宣扬自己认识大人物的人总是在别人不问及这种事时，主动把这个"秘密"得意扬扬地说出来，对这种人，绝对要小心。

如果你详加调查，就会发现如下的事实：他说的交情匪浅的前辈，根本就不屑与他为伍；他说的有力人士，原来是虚构的人物；他说的大教授，人家根本就不认识他。

2. 因人而变的人

在下属面前，总是摆出领导的臭架子，一副唯我独尊的样子；可是，在上司面前就摇身一变，像伺候国王那样，毕恭毕敬。

这一类型的人，具备"善变"的本领，而且天天琢磨此技，其编造口实、假装正经的技巧越来越高明。虽然在当前，好像不会让你受害，但你若太大意，有朝一日，定会掉入他的巧妙圈套或陷阱里，使你元气大伤。

3. 搬弄是非的人

不要以为把是非告诉你的人便是你的朋友，他们很可能是希望从中得到更多的谈话材料，从你的反应中再编造故事。所以，聪明的人不应该与这种人推心置腹。而令他们远离你的办法，是对任何有关你的传闻反应冷淡，不予作答。

4. 甜嘴巴的人

这种人开口便是大哥大姐，叫得又自然又亲热，也不管他和你认识多久；除此之外，还善于恭维你，拍你马屁，把你"哄"得麻酥酥的。这种人因为嘴巴伶俐，容易使人毫不设防，如果他对你有不轨之图，你的陶醉不就上了他的当？而且，你会因为他的奉承而不去注意他品行上的其他缺点，容易把小人当君子，把坏人当好人。

此外，这种人可以轻易对你如此，对别人当然也可如此。所以，碰到嘴巴甜会奉承的人，年轻人必须升起你的警戒网，和他保持距离，以便好好观察。如果你冷静地不予热烈回应，假使对方有不轨之图，便会自讨没趣，露出原形。不过，为了避免"以言废人"，你不必先入为主地拒他于千里之外，但是得时刻警惕。

择友时一定要在"良"字上下功夫。固然，"金无足赤，人无完人"，我们选择的朋友，尽管也会有这样那样的不足或缺点，但必须大部分是好的，能从他身上学到很多你没有的品质，他能与你坦诚相处，道义上能互相勉励，当你有了成绩能与你分享，有了过错能严肃规劝你。把这样的人编织进你的友人队伍，会成为你前进的动力。

像打理衣柜一样做好人际交往资源的清理工作

在工作与学习的过程中，搜集与组织自己的人际网络是有可能的，但试图维持所有关系似乎是不可能的，而想要在现有的人际网络内加进新的人或组织就更加艰难。因此，在组建人际网络的时候，必须学会筛选放弃。换言之，你必须随时准备重新评估早已变得难以掌握的人际网络，对现有的人际网络重新整理，放弃已不再对你感兴趣的组织和人等。这是生活中我们必须做的。筛选虽然不易，但仍是可以做得到的，有失才有得，才有更好的人生。

国际知名演说家菲立普女士曾经请造型顾问帕朗提帮她做造型设计，帕朗提提出要先清理她的衣柜看看。菲立普女士说："整理出来的衣服总共分成三堆：一堆送给别人；一堆回收；剩下的一小堆才是留给自己的。有许多我最喜欢的衣物都在送给别人的那一堆里，我央求帕朗提让我留下一件心爱的毛衣与一条裙子。但她摇摇头说道：'不行，这些也许是你最喜爱的衣物，但它们却不适合你现在的身份与你所选择的形象。'由于她丝毫不肯让步，我也只能眼睁睁地看着自己的大半衣物被逐出家门。我必须学着舍弃那些已不再适合我的东西，而'清衣柜'也渐渐地成为我工作与生活的指导原则。不论是客户也好，朋友也好，衣服也罢，我们必须评估、再评估，懂得割舍，以便腾出空间给新的人或物。我也常把这个道理说出来与听众分享，这是接受并掌握生命，推动生涯不断变动的一种方法。"

衣柜满了，需要清理与调整，以便腾出空间给新的衣服。同样的道理，人际网络也需要经常清理。很多时候，当你要跟某人中断联系时，你根本无须多说什么。人海沉浮，当彼此共同的兴趣或者话题不复存在，便是分道扬镳的时候，中断联系其实是个顺其自然的过程。

清理人际网络的道理和清除衣柜类似。帕朗提容许菲立普女士留下的衣服，当然是最美丽、最吸引人也是剪裁最得体的几套。"舍"永远不是件容易的事，虽然有遗憾，但从此拥有的不仅都是最好的，更重要的是也有更多空间可以留给更好的。

如果我们对自己的人际网络做同样的"清除"工作，在去粗取精之后，留下来的朋友不就都是我们最乐于往来的吗？我们应该把时间与精力放在自己最乐于相处的人身上。在平时需要奔波忙碌于工作、社交与生活之间的我们，筛选人际网络是安排生活先后次序的第一步，也是简化我们生活的重要一步。

因此，学会筛选你的人际网络，放弃那些对自己没有太多帮助和对自己没有多大兴趣的人，把主要的精力放在对自己未来发展有利的人身上，这样可以让你更好地掌控你的生活与事业。

别出心裁称赞他人，增进彼此好感

与人交流的过程中，尤其是有些陌生的人，适时称赞对方没被其他人赞美过的地方，不仅能让对方感到高兴，激发他的交谈积极性，而且更容易打开对方心扉，拉近彼此的好感，甚至使他变为你的挚友。

法国前总统戴高乐 1960 年访问美国时，在一次尼克松为他举行的宴会上，尼克松夫人费了很大的劲布置了一个美观的鲜花展台：在一张马蹄形的桌子中央，鲜艳夺目的热带鲜花衬托着一个精致的喷泉。

精明的戴高乐将军一眼就看出这是女主人为了欢迎他而精心设计制作的，不禁脱口称赞道："女主人为举行一次正式宴会要花很多时间来进行这么漂亮、雅致的计划和布置。"尼克松夫人听了，十分高兴。事后，她说："大多数来访的大人物要么不加注意，要么不屑为此向女主人道谢，而他总是想到和讲到这些。"在以后的岁月中，不论两国之间发生什么事，尼克松夫人始终对戴高乐将军保持着非常好的印象。

别人都没注意到的地方，戴高乐却注意到了，并直截了当地将他的欣赏表达出来，这怎能不让尼克松夫人高兴呢？因此，我们在对陌生人加以赞美时，如果能悉心挖掘那种鲜为人赞的地方，对方会非常开心，陌生人很快就会变成挚友。这一点，你完全可以向一位聪明的女人讨教，她就是因为拍了《真善美》而红遍天下的影星茱莉·安德鲁丝，她除了演技好、容貌美、歌声令人陶醉之外，还有一张伶俐的嘴。

有一天，茱莉·安德鲁丝去聆听鼎鼎大名的指挥家托斯卡尼尼的音乐会，在音乐会结束之后，她和一些政要名流一起来到后台，向大指挥家恭贺演出的成功。

大家都夸奖指挥家："指挥得实在是棒极了！"

"抓住了名曲的神韵！"

"超水准的演出！"

大指挥家一一答谢，由于疲累，而且这种话实在是听得太多了，所以脸上显出有些敷衍的表情。忽然，他听到一个高雅温柔的声音对他说："你真帅！"

抬头一看，是茱莉·安德鲁丝。

大指挥家眼睛亮了起来，精神抖擞地向这位美丽的女士道谢。

事后，托斯卡尼尼高兴地到处对人说："她没说我指挥得好，她说我很帅哩！"恐怕大指挥家还是头一回听到有人赞美他帅呢！

就这样，大指挥家把茱莉当成了挚友，时时去为她捧场。虽然只是一次见面，大指挥家就时常抱怨与她"相见太晚"。

人人都有自己的长处，也都有短处。人们一般都希望别人多谈自己的长处，不希望别人多谈自己的短处，这是人之常情。跟初谈者交谈时，如果以特有的方式赞扬对方的长处作为开场白，就更能使对方感到高兴，对你产生好感，交谈的积极性也就得到了激发。

所以，赞美要具体化，正如伏尔泰所说："言而无物，其言必拙。"赞美用语越具体，越说明你对他的了解，这不失为一种特殊的赞美方式。

第二章

形象是最好的名片，
第一印象很关键

注重形象，"首因效应"的作用会持续 7 年

在生活中，我们常听到有人说："我对×××印象不错""对×××印象不好，不喜欢他""一看就知道他是一个……的人"——这就是第一印象，在心理学上称为"首因效应"。所谓的印象和"一看"，都是在极短的时间里形成的。在两个人初次见面的时候，他看到你的一刹那，大脑会进行多达 1000 次运算，一系列问题飞速在脑中闪过——你是他需要接近的人还是需要回避的人？你是朋友还是敌人？你是否值得信赖、能力出众、讨人喜欢或者充满信心……根据美国纽约大学研究人员的发现，大脑以惊人的速度完成这些运算，在 7 秒钟内做出重要决定，继而在大脑里形成第一印象，这种印象一旦形成，就很难改变，甚至可以保持 7 年之久。

不论"首因效应"的理论是正确的还是错误的，事实上大部分人都依赖于第一印象的信息，而这个第一印象的形成对于日后的决定起着非常大的作用。它比第二次、第三次的印象和日后的了解重要得多。第一印象的好与坏几乎决定人们是否能够继续交往。有人会说：

"这不公平，他们应该努力认识真实的我。"这也许不公平，但这就是世界的规则。在快节奏的生活和工作中，人们没有时间去慢慢认识你，只能在有效的时间内迅速地做出判断，而且，第一印象具有顽强的持久性。第一印象所形成的认识将持久地主导人们对另一个人或事物的看法，即便人们在后来的交往中对此人或事物有了新的认识，第一印象所产生的看法依然不会消失。

"比如，你对一名同事第一印象并不好，而在一次聚会中，你发现他原来很热情，但你也只会认为他仅仅适合私下相处，而不适合共事，也就是说，你对他的第一印象依然没有改变。"这是加拿大西安大略大学的首席研究员西维亚·嘉禾斯基经过对第一印象的研究后得出的结论。这也印证了美国勃依斯公司总裁海罗德的经验："大部分人没有时间去了解你，所以你给他们的第一印象是非常重要的。你给人的第一印象好，你才有可能开始第二步；如果你留下一个不良的第一印象，很多情况下，我们会相信第一印象基本上准确无误。对于寻求商机的人，一个糟糕的第一印象，就等于失去了潜在的合作机会，这种案例数不胜数。你必须花费更多的时间才能够抹去糟糕的第一印象。"

宋老师是某大学一年级的辅导员。开学之初，他在学校大门口接待前来登记报到的新生。有一位名叫宗希瑞的新生，报到时衣冠不整，头上的帽子也歪到了一边，站在桌前报出自家名字时，左腿还一抖一抖地制造着"人造地震"。宋老师想：这个学生肯定是一个调皮捣蛋、不爱学习的学生。于是，宋老师带着不悦的心情，非常严肃地对宗希瑞说："请把你的帽子戴好，腿如果没有病的话，请不要抖动！"

面对这么一个吊儿郎当的宗希瑞，宋老师自然特别留意：他是否有逃课的坏毛病？是不是常在班上拉帮结派、打架闹事？在选班干部的时候，宗希瑞根本不在宋老师的考虑范围之内。几个月过去了，宋老师没发现宗希瑞任何违纪的行为，却发现他并不像自己所想的那么坏，他既不旷课也不打架，并热心为班上做好事，课余时记日记、写文章，还在校报上发表了几首小诗呢！

宋老师决定找宗希瑞谈一次话。经过交流，宋老师又了解到：宗希瑞性情温和，待人有礼貌，与同学的关系相处得十分友好融洽。他在报到那天之所以衣冠不整、歪戴帽子、左腿抖动，是因为他那天感冒了，在长途汽车上颠簸得晕车了，只好把头伸出窗外呕吐，为了安全起见，他把帽檐儿拉向了一边。下车后，头昏脑涨的他没注意到自己的"光辉形象"，因此给宋老师的"首因效应"太差，竟然成了老师密切"关注"的对象。鉴于宗希瑞半年来的良好表现，第二个学期，宋老师让他担任了班干部。后来证明，宗希瑞干得很出色。

宗希瑞就是"首因效应"的受害者，尽管我们可以理直气壮地告诉别人，不要仅凭一个人的外表妄下结论。但事实是，全世界的人都在这么做，我们自己也不例外。既然我们无法阻止他人做出仓促的决定——人类的大脑与生俱来就以这种方式工作——那我们就必须要做出有利于自己的决定：注重形象，输出良好的第一印象。试想，如果宗希瑞一开始就注重给老师一个良好的"首因效应"，也不至于成为班主任"监督"的对象，影响了自己的进步，甚至要花费半年的时间来改变宋老师对自己的印象。

别人对你的第一印象，往往是从服饰和仪表上得来的，因为服饰往往可以表现一个人的身份和个性。毕竟要对方了解你的内在需要长久的过程，只有仪表能一目了然。一个人的形象对于人本身有很大的影响，一个衣冠不整、邋邋遢遢的人和一个装束典雅、整洁利落的人在其他条件差不多的情况下，同去办一样的事儿，恐怕前者很可能受到冷落，而后者更容易得到善待。因此，第一印象对我们来说有着相当大的作用，但常常被人们忽视。如果你不想失去任何成功的机会，如果你想在人际交往中如鱼得水，那么一定要注重形象，努力给别人留下良好的第一印象。

用衣服包装自我，用魅力打动他人

俗话说："人靠衣装，佛靠金装"，可见衣服是人的第二肌肤，承载了一个人向外传递信息的主要部分。很多人都有过这样的经历：穿一身漂亮的衣服，心情立即愉快起来，不自觉中，头扬起，胸挺起，脚步轻盈而有力，人也特别有信心。可见，服饰对人起着多么大的辅助作用。

红顶商人胡雪岩在上海新开张的商行遭到当地商人的联合挤兑，不久就波及了大本营杭州。一些杭州的大客户生怕胡雪岩垮台，闻风而动，都准备中止和他的生意往来。他们听说胡雪岩从上海回来了，就悄悄躲在暗处观看，以为会看到胡雪岩灰头土脸的样子，结果他们却看到了衣着鲜亮、精神抖擞的胡雪岩。

他们猜想胡雪岩也许仍然有机会转败为胜，但又还不放心，又跟踪胡雪岩到他的商行去，看他是不是会暂停生意进行整顿。可是胡雪岩不仅没有关闭商行，反而还亲自坐镇，在柜台上悠然自得地喝起茶来。这令他们震撼了，一个人遭受这么大的打击，竟然还能够如此镇定从容！最终，胡雪岩的气度征服了他们，他们又对胡雪岩恢复了信心。

其实，当时胡雪岩的处境已是山穷水尽，就是凭他那镇定形象，才稳住了不利的局面。

不能不说胡雪岩是个高手，他充分地运用了衣服的包装作用，稳定了自己的影响力，没使自己落入更大的困局。

服饰是人形体的外延，包括衣、裤、裙、帽、袜、手套及各类服饰。它们不仅起着遮体御寒的作用，还能显示一个人的个性、身份、涵养及其心理状态多种信息。一个人穿戴什么样的服饰，直接关系到别人对其个人形象的评价。要在人际交往中发挥衣服的自我包装作用，就必须让服饰和穿戴者的气质、个性、身份、年龄、职业以及穿戴的环境、时间协调一致，才能真正达到美的境界。

用衣服包装自己，既是一门技巧，更是一门艺术。因为着装是一门系统工程，它不仅仅指穿衣戴帽，更是指由此而折射出的个人的教养与品位，是在对服装搭配技巧、流行时尚、所处场合、自身特点进行综合考虑的基础上，在力所能及的前提下，对服装所进行的精心选择、搭配和组合。着装要赢得成功，进而做到品位超群，就必须掌握着装的三大要领：

1. 应己着装

所谓应己，即要求在选择着装时要因人而异，使所穿服装与自己的身体条件相适应。具体而言，应己原则应围绕性别、年龄、肤色、形体这四大条件展开。

（1）性别。男着男装，女着女装，这是人人都应具有的基本常识。值得注意的是，服装中性化趋势日益明显，许多服装已成为男女的共同选择。更有一部分人崇尚男服女穿、女服男穿，俨然成为一种时尚。对于想广泛吸引人缘的人来说，是绝对不能追随这种趋势与潮流的，还是应该以保守而正确的穿法，体现自己性别的独特魅力。

（2）年龄。不同的年龄对着装有不同的要求。在选择着装时，务必要考虑到自己的年龄因素，使自己的着装与年龄相符。否则，便会贻笑大方。当然，对于中年人来说，适当地使自己看起来小几岁，保持朝气和活力，也是吸引人的重要方式。

（3）肤色。所穿服装还应该与自己的肤色相协调。尽管绝大多数中国人都是黄皮肤，但具体到个人来讲，肤色是同中有异的，因而对服装颜色也有着不同的要求。例如，肤色白净者，适合穿各色服装；肤色偏黑或发红者，忌穿深色服装；肤色黄绿或苍白者，宜穿浅色服装等。

（4）形体。人有高矮胖瘦之分，具体到身体各部分还有标准与不标准之别，这就是个人形体条件的差异。不同的形体条件应当选择不同的着装，例如个矮的人应多选择穿浅色、暖色和艳色的服装，尽量回避深暗、灰浊的色彩，并且全身服装色调最好相同或相近以修长身形，如果色彩搭配对比太强烈，个子就会显得矮；体型娇小玲珑的人，穿着深色的衣服，会显得更为瘦小，不妨选择淡色或有小型花纹且质地柔软的衣服；体型矮小而丰满的人，只要在上半身或下半身的某个部位裁剪得贴身合适，其他部位则可以略显宽松，这样可使身体的感觉衬托得更为平衡，而蓬裙或长裙会显得更为矮胖，所以在穿裙子的时候，应该尽量选择合身的短裙。总之，在穿着方面，应该尽量表现得清爽而且充满活力，这样才能获得好人缘。

2. 应事着装

所谓应事，即要求根据自己所要办理的事情的不同而选择不同的着装，使自己的着装与所办的事情相配合、相呼应。

在欢度节日或纪念日、结婚典礼、生日纪念、联欢晚会、舞会等喜庆场合，服饰可以鲜艳明快、潇洒时尚一些。一般来说，在正式的喜庆场合，男性服装均以深色为主，单色、条纹、小暗格都可以，女性可以选择适合自己穿着的色彩鲜艳的服装。

在庄重场合，例如参加会议、庄严仪式、正式宴会、会见外宾等隆重庄严的活动，服饰应当力求庄重、典雅。凡是请柬上规定穿礼服的，应按规定着装。庄重场合一般不宜穿夹克、牛仔，更不能穿短裤或背心。

正式场合的衣着应当严格符合穿着规范。男子穿西装，一定要系领带。西服应熨平整，裤子要熨出裤线，衣领、袖口要干净。女子不宜赤脚穿凉鞋。懂得尊重场合的人，就是懂得自尊的人，给人留一个做事讲究的印象，就会吸引同样的人来跟自己认识。

3. 应时着装

着装必须应时。所谓应时，不是指追求时髦，而是要求着装必须与穿着的具体时间相吻合，不可不分四季、不分早晚地胡乱着装。通常，夏季应以凉爽、轻柔、简洁为原则，在使自己舒爽的同时，也让服装色彩与款式给予他人视觉和心理上的良好感受。冬季应以保暖、轻便着装为原则，避免臃肿不堪，也要避免只要风度不要温度，为形体美观而着装太单薄，给人不会照顾自己的感觉。应该注意，即使同是裙装，在夏天面料应是轻薄的，冬天要穿面料厚的，春秋两季可选择的范围更大、更多些。

虽然人们常说"不要以貌取人"，但着装合适与否还是会影响别人对自己的评价。根据以上原则留意你的服饰和仪表吧，这并不是叫你穿上最流行的、最时髦的衣服，只是要求你穿得有自己的特点，给他人留有一个好的印象，也给自己增添一份自信与魅力。

修饰面容，气色好才迷人

面容是人的仪表之首，也是最为动人之处，所以面容的修饰是仪容美的重头戏，特别是在社交场合，对于面容的修饰更为重要。由于性别的差异和人们认知角度的不同，男女在面容美化的方式、方法和具体要求上是不同的，他们有着各自不同的特点。

1. 男人也需要护肤

如今男士护肤用品越来越多，传达给人们一个"会护肤的男人才是真男人"的理念，男人们也很乐意接受这个理念，开始使用洁面、润肤等护肤产品，这是一个很好的现象，脸上皮肤滋润给人的感觉当然好过于干燥没有光泽的皮肤了。所以，没有开始护肤的人要立刻行动起来才好。

除了脸部皮肤，男人脸上的重点就体现在胡须上。男人应该养成每天修面剃须的良好习惯。如果实在想蓄须的话，也应该从自身人际交往出发，看是否允许。如果蓄须了就应该经常修剪，保持卫生。不管是留小胡子还是络腮胡，整洁大方是最重要的。而没有留胡子的人，在出席各种公共场合或社交活动的时候，切不能胡子拉碴地去。

另外，男士还应该注意保护唇部皮肤，尤其是在秋冬季节，晚上临睡前给嘴唇涂一点儿蜂蜜或者有滋润作用的护唇膏，保持唇部皮肤的本色和光泽，会让你看起来健康有活力。

2. 女人的气色最重要

整容和化妆是女性面容美化的两种主要方式。整容是通过外科手术来改变人的容貌，如隆鼻、割双眼皮以及文眉等。整容有一劳永逸的功效，但一个人的力量是完成不了的，同时它还有手术失败而毁容的危险，所以选择整容的人一定要慎重。

相比较而言，化妆则便利、易改又没有风险，所以受到不少女士的喜爱，它也成为女人美化自己的首选。一般来说，化妆应特别注意如下几点：

（1）化妆的浓淡要考虑时间、场合的问题

随着时间与场合的改变，妆容应该有相应的变化。白天，在自然光下，略施粉黛即可；在工作的时候也应以清新、自然的妆容为宜。而在参加晚间的娱乐活动时，浓妆比淡妆更好。

（2）化妆治标而不治本，属消极的美容，应注重积极的美容

面部的皮肤比我们想象中更娇嫩，任何不科学的外部刺激都会对其产生不同程度的损伤。正如大家所知道的，任何化妆品中均含有一定量的化学物质，这些化学物质对皮肤多少都会有不良的刺激。不少女士喜欢浓妆艳抹，这样也许会为她增添几分妩媚，但事实上，这是消极美容，会对皮肤产生一定程度的伤害。因此，要想使面容的仪表更好，最好的方法是采用体内调和的美容法。

首先，在生活中要多多参加户外体育活动，促进表皮细胞的繁殖，使表皮形成一层抵御有害物质的天然屏障。

其次，良好的心境与充足的睡眠也是不可少的。这对皮肤的新陈代谢有一定的作用，也会使面容有光泽。

再次，合理的饮食也不可忽略。多喝水，多吃富含维生素 C 的水果蔬菜等，少吃辛辣、高糖、高热量的食物。

最后，坚持科学的面部护理与按摩也是十分重要的。它能促进血液循环，使面容更加红润健康。

众所周知，不修边幅的人在社会上是没有影响力的，所以，无论男性女性，都要注意自己的面容修饰，让亮丽的容颜增加你的吸引力。

出门前，请先"理"好你的头发

头发是我们形象中最重要的部分，因为不管我们的服装如何变换，头发始终跟着我们。事实上，不少人也经常根据头发来定义一个人。你是不是经常听见别人在喊"那个红头发的"或是"那个黄头发的"？可见头发在一个人形象中是多么容易引起注意了。

一个周五的晚上，几个好朋友为了给曹蒙庆祝生日，特意拉着他到理发店烫了个时髦的"鸡窝头"，然后又拉着他去一家知名的摇滚乐酒吧吃喝玩乐，直到凌晨 4 点，这帮好友才各自道别，回家睡觉。

早上 8 点的时候，曹蒙的电话响了，一接，是曹蒙单位经理的电话，因为经理临时有事，让曹蒙代他去和一个重要客户签署合同书，时间安排在上午 9 点。从曹蒙家到客户那里至少要 40 分钟的路程，要是堵车的话就可能迟到。曹蒙不敢怠慢，赶紧起床，拿起一套西装穿上就出了门。

果然，曹蒙在去的路上遇上了堵车，还好他在最后几分钟顺利赶到了客户那里。一见到曹蒙，客户的眼里闪过耐人寻味的神色，先让曹蒙坐下，客户就去了隔壁房间。过了一会儿，客户对曹蒙说："我看今天这个合同就暂时别签了，咱们以后再约时间，好吧！这样，麻烦你跑一趟，还请你先回去吧！"

曹蒙觉得莫名其妙，却又不便深问原因，只得快快地回去了。随后，曹蒙接到了经理的电话，问他搞什么鬼，顶着一个鸡窝头就去了，客户还以为他是个小混混，把客户吓了一跳，合同的事情也就暂缓了。

曹蒙的一个"鸡窝头"差点儿毁了一桩生意。由此可以看出，一个坏的发型是注定不讨喜的。事实上，人们注意和打量他人，往往是从头部开始的。而头发生长于头顶，位于人体的"制高点"，所以更要引起重视。鉴于此，要想打造良好形象，首先应该从"头"出发。

一般来说，人们要注意这样几个头发上的细节，才不至于有损形象。

1. 基本要求：干净整洁

如果你没有时间过多照顾你的头发，至少应保持它的干净整洁，一般两天清洗一次头发为宜（夏天可适当增加频率）。平时也应注意对头发的养护，使其具有自然光泽。

2. 发型得体

发型，即头发的整体造型。选择发型，除个人偏好可适当兼顾外，最重要的是要考虑个人条件和所处场合。

（1）个人条件。

个人条件，包括发质、脸形、身高、胖瘦、年纪、着装、佩饰、性格等，都会影响发型的选择，对此切不可掉以轻心，不闻不问。

在上述个人条件里，脸形对发型的选择影响最大。选择发型时，一定要考虑自己的脸形特点，例如，国字脸的男士最好别理板寸，否则看上去好像一张扑克牌。Ω 发型，则主要适合鹅蛋脸的女士，头发的下端向外翻翘，可展示此种脸形之美。要是倒三角脸形的女士选择了它，就不太好看了。

（2）所处场合。

在社会生活中，人们的职业不同、身份不同、工作环境不同，发型自然也应有所不同。总而言之，在工作场合抛头露面的人，发型应当传统、庄重、保守一些；在社交场合频频亮相的人，发型则应当个性、时尚、艺术一些。至于前卫、怪异的发型，一般只有对艺术、娱乐工作者才是适合的。

3. 长短适中

虽然说头发或长或短完全是一个人的自由，但是从社交礼仪和审美的角度来说，发型应该大方、高雅、得体、干练，具体来说，要考虑以下几个因素的影响：

（1）性别因素。

男性和女性的区别，在头发长短上就有所体现。一般大家的观点是女士可以留短发，但是却很少理寸头；男士的头发虽然也可以稍长，但是不宜长发披肩、扎辫子之类的。

（2）身高因素。

从美观的角度来说，头发的长度在一定程度上应该与个人身高有关。以女士留长发为例，头发的长度应该与身高成正比。如果一个女生个子矮小，头发却长过腰，这样会显得自己的个头更矮的。

（3）职业因素。

职业对头发的长短也有一定的影响因素。比如，野战军的战士通常会理寸头，这是为了方便负伤的抢救，但是商政界人士则不适合这样。对于在商界工作的女士来说，头发最好不过肩，而且应以束发、盘发作为变通；男士则不宜留鬓角和发帘，长度最好以不触及衬衣领口为宜。

4. 发色与肤色匹配

现在选择染发的人越来越多，染发时应该要注意使发色和肤色协调。

与深棕色头发搭配的肤色：任何肤色，肤色白皙者尤佳。

与浅棕色头发搭配的肤色：白皙肤色或麦芽肤色、古铜肤色者均可。

与铜金色头发搭配的肤色：白皙或麦芽肤色，也很适合肤色微黑的女士。

与葡萄紫色头发搭配的肤色：自然肤色或白皙肤色，非常适合肤色偏黄的女士。

最好不要染过于夸张的红色、黄色、蓝色、绿色等颜色，以免给人留下是"小混混"的感觉。

5. 美化自然

人们在修饰头发时，往往会有意识地运用某些技术手段对其进行美化，这就是所谓的美发。美发不仅要美观大方，而且要自然，不宜雕琢过重，或是不合时宜。例如，不要过多使用啫喱、喷彩之类的东西，如果一定要使用，也最好选择无香型，免得和香水、化妆品等气味混杂在一起，使别人闻了不舒服。

头发整洁、发型大方是个人形象对发型美的最基本要求。整洁大方的发型易给人留下神清气爽的印象，而披头散发则会给人以萎靡不振的感觉。一般来说，发型本身是无所谓美丑的，只有一个人所选的发型与自己的脸型、肤色、体形相匹配，与自己的气质、职业、身份相吻合时方能显现出真正的美。决定发型美的许多因素是人所无法随意改变的，但通过对不同发型的选择，可以起到扬长避短的作用，充分展现自己的美而让人忽视自己的缺陷，在人际交往中给他人留下良好的印象。

善用饰品会提升自身形象

　　虽然首饰的作用仅限于装扮而没有任何实用价值，但人们对首饰的热爱却是从远古时期就开始了。特别是到了现代，饰品已经成为个人形象必不可少的修饰，起着画龙点睛的作用。佩戴一款合适的首饰，会提升个人的形象品位甚至是身价，即使是商务人员也不能完全远离首饰。因此了解不同场合、不同条件下如何选戴首饰很有必要。

　　人们最经常佩戴的首饰当属戒指、项链和耳环。

　　戒指是爱情的信物、富贵的象征、吉祥的标志。在西方国家，戒指是希望、快乐的象征。琥珀或玉石戒指象征着幸运；钻石戒指戴在男性手指上象征着勇敢与坚定，戴在女性的手指上则象征着高贵。

　　戒指就质地而言，有钻石、金、银、玉等；就造型来分，有对称式与不对称式两种。

　　选戴戒指，不同年龄、不同性别、不同身份的人应有所不同。老年人可戴有"寿"字的戒指；男士可选戴方戒、圆戒、名字戒等线条简洁、款式粗犷的戒指；女士可选择款式多变、线条柔美、做工精致、小巧的戒指；商务人员工作时，可以不戴戒指，如果戴时，应选戴黄金、白金、白银等制作的戒指。若要参加高雅的社交活动，应选择与时装、礼服相配套的珠宝镶嵌的戒指。

　　戒指是一种无声的语言，戴在食指上表示想结婚和已经求婚；戴在中指上表示正在恋爱中；戴在无名指上表示已订婚或结婚；戴在小指上则表示是独身者。千万不要戴错了，给别人传递了错误的信息。

项链则是女性最常佩戴的饰品之一。它大致可分为金属项链和珠宝项链两大类。商界女士在选择项链时，应选择庄重、雅致、不过分粗大的为好，比如质地较好、小巧精致的金属项链可为理想的选择。若参加社交活动，则可选择色泽亮丽、造型美观的珠宝项链。

项链的佩戴要因人而异。脖子细长的人应选戴短项链，其长度为40厘米左右；而脖子粗短的人，应选戴细长项链，其长度为60厘米左右；一般人可选戴中长项链，其长度为45厘米左右。老年人宜选择质地上乘、做工精细的项链，中年人宜选择工艺性强、质朴典雅的项链，青年人则以选颜色好、款式新颖的项链为好。

选择项链，还应与穿着的服装相配。衣服轻柔飘逸，项链应玲珑精致；衣服面料厚实，项链要粗大些；衣服颜色单一或颜色素雅，项链可选择鲜艳、醒目之色，如天蓝宝石项链、红玛瑙项链等；衣服色彩艳丽，可选择色泽古朴、典雅的项链，如景泰蓝、玛瑙、珐琅等项链。

传统的中国女性最注重的首饰就是戒指与项链，而对于西方女性来说，也许更看重戒指与耳环，因为她们感觉耳环最能显示她们的脸孔。一副简洁的耳环能把一件普通的衣服衬托得更有特色。

耳环的选择主要考虑佩戴者的脸形：圆脸适宜戴各种款式的长耳环或垂坠、耳珠；瓜子脸是最为可人的脸形，应该说几乎所有造型的耳环都适于选戴，尤以扇形耳环、奶滴形耳环更显秀丽妩媚；方脸型的女性可选用富有弧线、线条流畅的圆形、纽形、鸡心形、螺旋形耳环，使脸形显得具有曲线之美。方脸形具有阳刚之气，因此应选用精致细巧、造型柔和的中小型耳环。

一般肤色白皙的女性适宜戴红色、翡翠绿等色彩较为鲜艳的耳环；皮肤偏黑的女性，宜选用色调柔和的白色、浅蓝、天蓝、粉红色耳环；金色耳环适合于各种肤色的人佩戴。

耳环的佩戴必须与整体服饰协调一致，服饰色调鲜艳的，耳环色泽宜淡雅或同色调。

在各种比较正规的社交场合，如参加宴会、婚礼或庆典仪式，应选用高档的耳环，如用钻石、翡翠、宝石镶嵌的耳环。

总之，佩戴首饰最重要的就是要与你的整体搭配协调统一，从而提升你的形象。需要注意的是，首饰贵在精不在多，不要把自己的身上挂满首饰，那样只会使你看上去像个暴发户。

让足下生辉，别以为别人不会注意你的脚

很多人热衷于衣物的雕琢，却往往忽视脚底的打扮，一年到头就那两双鞋子，袜子颜色也不注意和衣服的搭配。殊不知，鞋袜也是服装搭配里的一项重头戏，如果只讲究衣着的光鲜华美，却"不伦不类"地配上一双不合时宜的鞋子或者袜子，其结果只能使自己的气质

和品位大打折扣。那么，我们如何用鞋袜装扮自己，让自己成为人人艳羡的社交明星呢？下面就给你指点。

鞋只是用来点缀整体形象的，尽量不要穿有太多装饰、样子太复杂的鞋。鞋子款式要大方，如果别人第一眼看到的是你的鞋子，那就是失败的穿着。鞋子的色彩和款式可能成功地使服饰增辉，也可能导致失败。所以，穿鞋的基本原则是既舒适又漂亮，鞋的款式和色彩要与所穿的服装式样相协调。

在正式或半正式场合，男性一般穿没有化纹的黑色平跟皮鞋，女性一般穿黑色半高跟皮鞋。露脚趾的皮凉鞋是绝对禁止在礼仪场合穿着的。旅游鞋、布鞋、各式时装鞋与正规的礼服也是不相配的。轻柔飘逸的裙衫配造型粗犷的皮鞋就会让人感觉脚太笨重，身着端庄的西服脚蹬玲珑的高跟舞鞋，也会使人觉得不伦不类。需要注意的是，女性在选择高跟鞋时，不要穿太高太细的高跟，鞋跟一般不宜超过5厘米，以免走路时东摇西摆、步履不稳，反而会影响形象。

鞋与服装在质地上也应和谐、统一。精纺的全毛料裤要与光亮质高的牛皮鞋或漆皮鞋相配；帆布的休闲裤宜与同质地的散步鞋或松紧口的牛仔布鞋步调一致；条绒或细灯芯绒裤应该配上绒面革或为麂皮的皮鞋；粗花呢敞口裤与压花模的厚质皮鞋匹配才有生气；真丝连衣裙配上双色彩协调的麻边凉鞋，那份浪漫情怀只能意会，不可言传。

除了鞋子搭配，还要注重鞋子的质量，质量不仅反映了人的身份，还能使你避免出现皮鞋开线、掉跟等尴尬局面的发生。况且，一双优质的鞋子远远要比劣质的鞋子穿的次数要多，寿命也长得多。

　　了解了鞋子的搭配，我们再来看看袜子的选择。一个人的形象是非常系统的整体，一个有品位的人绝对不会在一双名牌鞋子里面穿上廉价的尼龙丝袜，也不会穿套裙的时候配一双短丝袜。有品位的人无论何时出现都会是一副完美的形象，没有一丝纰漏。下面就来学习一下袜子与鞋子以及衣服的搭配法则吧。

　　对男性来说，法则很简单，就是袜子的颜色要与裤子一样或者比裤子的颜色更深一点儿，这是一个很常规的穿法，绝不会出错。比如你穿一双白色或者褐色的皮鞋，而你穿的是蓝色裤子，袜子就应该是蓝色或者黑色的，绝对不能穿白色袜子。

　　对女性来说，穿套裙的时候应该穿长筒袜，穿裤装的时候就要搭配与裤子颜色相近的袜子，即使是穿短装，也要搭配短的毛线袜或棉袜，而不是短丝袜。穿着露在外面的短丝袜是职业女性搭配中的禁忌。选择袜子时以透明近似肤色的最好，并在办公室抽屉里或手提包内存放备用袜子，以在脏污、破损时可以更换，避免陷入尴尬。

　　相对鞋子来说，袜子是比较小的细节，要先选好鞋子，再来确定袜子就可以了，所以，要想足下生辉，鞋子上的功夫还是要比较大的，既要会买，还要会保养。在华尔街上流行着这样一句俗语："永远不要相信一个穿着破皮鞋和不擦皮鞋的人。"英国一位世家做皮鞋生意的绅士说："低头看看他脚上穿的，就知道他真实的身份。"可见，你的经济水平、生活方式、着装品位，都或多或少地反映在那一双鞋上，它是人们在对你的成就、可信度、社会背景、教养等的又一个重要检验标准。所以，扔掉你所有的破皮鞋吧！每天穿着你擦得发亮的皮鞋，告诉别人你是可靠、勤奋、有教养、成功的人吧！

别让小细节毁了你的形象

试想这样的场景，你面前的人鼻毛、体毛像野草一样茂盛，身体总是散发异味，或者开口讲话时，你以为他已经几天没刷过牙了，你会有怎样的反应？其实，你只要进行一下换位思考，结果便显而易见，你不喜欢看见别人这样，那么别人当然也不喜欢看见你这样的形象。

牙齿是口腔的门面，牙齿的清洁是仪表、仪容美的重要部分，而不洁的牙齿被人认为是交际中的障碍。保持牙齿清洁，首先要坚持每天早晚刷牙，消除口腔细菌、饭渣。刷牙时不要敷衍，应该顺着牙缝的方向上下刷，牙齿的各部位都应刷到。如果牙齿上有不易去除的牙垢，或是牙齿发黄，可以去医院或专业洗牙机构洗牙，以使牙齿看起来更加洁白、健康。此外，不吸烟、不喝浓茶是防牙齿变黄的有效方法。

口腔有异味是很失风范的事。平常最好不吃生葱、生蒜等带刺激性气味的食物。每日早晨空腹饮一杯淡盐水，平时多以淡盐水漱口，能有效地控制口腔异味。必要时，嚼口香糖可减少异味，但在他人面前嚼口香糖是不礼貌的，特别是在与人交谈时，更不应嚼口香糖。

我们身体的各个部位都可能向外散发出一些"异味"，其中又以腋下、足部、阴部等部位的味道最为浓烈。以腋下为例，即便不是狐臭，在夏天或者运动后，腋下的大汗腺大量分泌，分泌物被细菌分解后就产生不饱和脂肪酸，异味就产生了。此外，人的性别、年龄、种族、饮食习惯，甚至情绪等，都有可能影响到自身的"体味"。正常情况下，这种体味很微弱，无伤大雅，但如果你身体上的异味非常强烈，就会使你的形象减分很多。

有以下几种方法可以消除身上的异味：

1. 腋下异味

如果你天生就有狐臭，但是味道不浓烈，或者仅仅是因为容易出汗而导致腋下有异味的话，可以经常换洗衣服，剔除过多腋毛，保持腋下的清爽。饮食上注意少吃或者不吃辛辣类的食物。因为这类食物容易发汗，而且刺激性味道也能通过汗液排出。同样，能发汗的咖啡、茶等饮品也要少喝，它们含有的咖啡因也能促进排汗。另外，一些止汗喷雾也对消除异味有一定的作用。

但是，如果你的狐臭很浓烈，可以考虑手术祛除腋下大汗腺。不过这需要承担一定的风险，如果腋下异味没有严重影响你的正常社交生活，建议你以清洁为主。

2. 足部异味

足部异味也与汗腺分泌有关，脚气、脚癣等疾病也会导致异味。

如果你的汗腺发达，经常承受脚臭之苦，就要在细节上多下功夫。选择纯棉材质的袜子，不要选择化纤等材质的，因为它们不透气，更容易诱发出汗。鞋子的选择也是一样，以透气为主。经常保持脚部干爽，勤换鞋袜等也是消除脚部异味的基本方法。

3. 私密处异味

一般来说，女性的私密处更易产生异味。因为女性的私密处是尿道、阴道和肛门的聚合地，更易滋生病菌，而且阴道分泌物多，会使得局部湿度偏高，容易产生异味。

私密处异味有可能是疾病原因，这些情况要找专业医生咨询。女性平常也要注意保持私密处的清洁，每天用温水清洁外阴。不要穿过紧的内裤，经期更要每日更换内裤，并用开水烫煮消毒。

另外一个可能产生异味的地方是——肚脐眼。这个部位经常被人们忽略，其实肚脐与身体内部相连，里面很容易堆积污物，把它清洗干净十分必要。不过，因为肚脐周围的肌肤比较细嫩，所以清洗时动作要轻柔。沐浴后，用干净的干毛巾把肚脐内残留的水分蘸干，就能避免肚脐发出难闻的异味了。

在平时多多注意这样的小地方，这样你的形象才更健康、更受人喜爱。

第三章

举手投足显风度，

打造优雅社交范儿

站立如松，行动如风

站姿和走姿都是个人形象中很重要的方面。站姿是工作和日常交际中最引人注目的姿势，它是仪态美的起点，又是发展不同动态美的基础，而潇洒优美的走姿是人动态美中最具魅力的行为，也能衬托出人的气质和风度。

站立的基本要求是挺直舒展、线条优美、精神焕发。其具体要求如下：

（1）头要正，头顶要平，双目平视，微收下颌，面带微笑，动作平和自然。

（2）脖颈挺拔，双肩舒展，保持水平并稍微下沉。

（3）两臂自然下垂，手指自然弯曲。

（4）身躯直立，身体重心在两脚之间。

（5）挺胸、收腹、立腰，臀部肌肉收紧，使身体的重心有向上升的感觉。

（6）双腿直立。女士双膝和双脚要靠紧，男士两脚间可稍分开点儿距离，但不宜超过肩宽。

女士工作中的站姿——双脚可调整成"V"字形或"T"字形，右手搭在左手上，贴在腹部。

男士工作中的站姿——双脚平行，也可调成"V"字形，双手下垂于身体两侧，也可将手放于背后，贴在臀部。

需要强调的是，在工作中站姿一定要合乎规范，特别是在隆重的场合下，站立一定要严格按照要求做。站累时，单腿可以后撤半脚的长度，身体重心可前后移动，但双腿必须保持直立。

什么样的走姿才会让他人觉得优美呢？一般来说，走路的姿态美不美是由3个方面决定的，即步幅、步位和步韵。如果步位和步幅不合标准，那么全身摆动的姿态就失去了协调的韵味，也就无所谓步韵效果了。

所谓步幅，是指行走时两脚间的距离。步幅标准应是由个人的身高、当时着装的限制、所穿的鞋子及男女性别所决定的。男性当然是大步流星，步幅在30厘米以上；女子若穿旗袍、高跟鞋或穿裙子，则应小步快走，轻盈而频率快，若是着裤装可走得步幅稍大，平稳而潇洒。

所谓步位，就是脚落地时应放置的位置。男子走路的步位应是脚既不外撇也不内向，平行直行向前，走出的是两条平行线，显得阳刚有力，朝气十足。女性应避免"X"或"O"形腿，两腿从大腿到小腿向内夹紧，腿部肌肉绷紧，脚后跟踩在一条直线上，脚尖微微朝外，步伐显得修长而挺拔。

所谓步韵，就是走路时特有的韵味，即风度。有些人走路轻松自然，富有节律感，不僵硬、不做作、不难看，让人觉得如行云流水般舒畅自如。有些人走路的姿势就不好看，步履沉重，拖沓而有下坠感，东摇西晃，这些不良走姿都会使个人形象大打折扣。

那么，怎样才能走出美感呢？下面就介绍一下走路时应注意的事项：

（1）走路时，抬头挺胸，步履轻盈，目光前视，步幅和步位合乎标准。

（2）行走时，双手在两侧自然摆动，身体随节律而自然摆动，切忌摇头扭腰。

（3）走路时膝盖和脚踝轻松自如，配合协调，以免显得浑身僵硬，同时忌走外八字或内八字。

（4）行走时不低头后仰或扭动肩部、胯部，或两手乱甩。

（5）多人一起行走时，应避免排成横队、勾肩搭背、边走边说、推来搡去。若是有急事要超过前面的人，应打招呼，超过后回头致谢。

（6）步幅和步位配合协调，甚至与呼吸形成规律。穿礼服、长裙、筒裙则步伐典雅温婉，轻盈有致；穿休闲、运动裤装，则步伐迅捷活泼，弹性而富朝气。

（7）男性不在行走时抽香烟，不在行走时乱扔烟蒂；女性不在行走时吃东西。养成行走时注意自己风度、形象的习惯。

（8）女性在行走时，还应特别注意腿部线条的流畅和紧张感，没有抽紧肌肉和稍具紧张感的双腿，走出来的步子一定是沉重、下坠、拖沓的。收腹、夹臀、提气的女性步态，是轻快而富有节奏的。

（9）女性在行走时，还应养成两腿挺直向内夹紧的习惯，以避免损坏女性腿部的整体线条。

优雅大方的站姿和走姿是一个人礼仪修养的重要表现，也是一个人气质的重要呈现，我们绝不能忽视了这方面的小细节。

坐姿从容淡定，卧姿优雅大方

坐姿不好，卧姿不够优雅，都直接影响一个人的形象。对于女人来说，这一点尤为重要，因为它决定着你的形象是高贵优雅还是缺乏教养。

先来说说坐姿。

坐姿是以臀部作为支点，借此减轻脚部对人体的支撑力。坐姿能使人们较长时间地工作，也是人们日常生活、社交中常用的姿势之一。因此，端庄、优雅、舒适的坐姿很重要，而且良好的坐姿对保持健美的体形也大有益处。

那么，什么样的坐姿可使女性显得稳重、端庄、落落大方呢？

（1）面带笑容，双目平视，嘴唇微闭，微收下颌。

（2）立腰，挺胸，上身自然挺直。

（3）双肩平正放松、两臂自然弯曲放在膝上，亦可放在椅子或沙发扶手上，掌心向下。

（4）双膝自然并拢，双腿正放或侧放，双脚并拢或交叠。

（5）谈话时可以有所侧重，此时上体与腿同时转向一侧。

正确的坐姿关键在于腰。不论怎么坐，腰部始终应该挺直，放松上身，保持端正的姿势。

在社交场合中，坐姿要与场合、环境相适应。坐姿有以下几种：

1. 自然坐姿

平时坐在椅子上，身体可以轻轻贴靠于椅背，背部自然伸直，腹部自然收紧，两脚并拢，两膝相靠，大腿和臀部用力产生紧张感。与客人谈话时不妨坐得深一些，然后背部保持直立，膝盖并拢，这会使你显得优雅而又从容。

很多人坐下来的时候喜欢将脚架起来，在社交场合，这一般被认为是不礼貌的坐法。如果是积习难改，那一定要注意架腿方式：收拢裙口，遮掩到膝盖以下部位；支撑的脚不要倾斜，双腿内侧靠近，大腿外侧收紧；双手自然搭在腿上。这样显得美观，能产生自然的美腿效应。

2. 正式坐姿

膝盖与脚跟都并拢，背脊伸直，头部摆正，视线向着对方。这种坐姿可用于面谈之类的正式场合，可给予对方诚恳的印象。但也不要双膝并得太紧，一动不动，这会让人产生一种紧张感、不安全感。

3. 坐沙发的坐姿

一般沙发椅较宽大，不要坐得太靠里，可以将左腿跷在右腿上，两小腿相靠，显得高贵大方。但不宜跷得过高，女性不能露出衬裙，否则有损美观与风度。也可双腿并拢，双膝紧靠，然后将膝盖偏向与你谈话的人。偏的角度视沙发高低而定，但以大腿和上半身构成直角为原则，以表现女性轻盈、秀气的阴柔之美。

在交际中卧姿用得很少，而且一般都是在一些休闲或非正式场所，如中午在办公室休息、卧病在家养身体、海滨浴场的沙滩上、郊游时的公园草坪。

卧姿有多种，常见的有仰卧、侧卧、俯卧等。

优雅而讲究礼仪的卧姿因时间、地点、对象而定。若是躺在野外的草地上与挚友交谈，或趴在自己家中的沙发里与家人共享天伦之乐，什么样的卧姿都可以，这是人生的一种乐趣和放松。但此时有人造访，或走到你身边汇报问题，你应马上起身打招呼，与来人共同坐下攀谈。若是在办公室午休，有女性进来，则应立即起身，收拾好沙发上的物品，请女士坐下与之交谈；不要大大咧咧地半躺着与女士说话，以免显得不懂礼貌和没有教养。

一般情况下，卧姿在公共场合和社交场合都是应该避免的。仰躺姿势是非常丢人的，即便是健康状况不佳也应与人打个招呼为好，身体姿态呈收敛状。

体态语言的表情达意尽管不如有声语言那么具体明确而完善，而且大多是配合口语表达起辅助作用，但它在表现一个人的情态、意向、性格和气质等方面却有着有声语言不可代替的独特的真实性和可靠性。

因为人的体态语言都是心理活动和内在气质的真实表露，有许多是习惯性、下意识的，因此，体态语言在提升个人形象方面的功能是不可忽视的。

交换名片是继续联系的纽带

名片在大家交往中可用以证明身份，联络老朋友，结交新朋友。可以说，名片是你的第二张脸，使用越来越普及。它不仅是自己身份的介绍，更是自己的脸面、形象。

名片一般要随身携带，就像你的身份证。比如说，出席重大的社交活动，一定要记住带名片。如果总是和人家说"不好意思，我的名片刚用完"，这是很牵强的理由，没有名片也可以说是交流第一步就失败了。对方会认为你不重视他或者是你的职业、身份不值得拥有自己的名片。发送名片可以在刚见面或告别时，但如果自己即将发表意见，在说话之前发名片给周围的人，可以帮助他们认识你。

1. 如何递接名片

递接名片是不可忽视的环节，短短的一个过程可以透露出你这个人的素养，别人会以这个为标准认为你值不值得交。

在取出名片准备送给别人时，要双手轻托名片至齐胸的高度，并将正面朝向对方，以方便别人接收时阅读。如果人多而自己左手正拿着一叠名片，也应该用右手轻托，左手给以辅助，一张张地发给每个人，不要像发扑克牌一样随便乱丢。

双手接过他人的名片看过之后（边看边读出声音来，效果也不错），精心放入自己的名片夹或上衣口袋里，也可以看后先放在桌子上，但不要随手乱丢或在上面压上杯子、文件夹等东西，那是很失礼的表现。

2. 如何交换名片

交换名片是人们之间建立人际关系的关键步骤。交换名片也蕴藏着大学问。

首先是名片交换的次序安排。一般情况下，双方交换名片时是地位低的人先向地位高的人递名片，男性先向女性递名片。当然，相互不了解时就没有先后之分了。在商场中，女性也可主动向男性递名片。

当交往对象不止一人时，应先将名片递给职务较高或年龄较大的人，如分不清职务高低和年龄大小时，则可依照座次递名片，应给对方在场的人每人一张，不要让别人认为你势利眼，如果自己这一方人较多，则让地位高者先向对方递送名片。另外，千万不要用名片盒发名片，这样会让人们认为你不注重自己的内在价值，以为你的名片发不出去。

其次，交换名片时态度也要热情、诚恳，从而表示你是真心地想与对方交朋友。残缺褶皱的名片不能使用，因为那样既不尊重对方也不尊重自己，同时名片还不宜涂改。

双手是你的第二张脸

小李的口头表达能力不错，对公司产品的介绍也得体，人既朴实又勤快，在业务人员中学历又最高，老总对他抱有很大期望。可做销售代表半年多了，业绩总上不去。问题出在哪儿呢？

原来，他是个不爱修边幅的人，双手拇指和食指喜欢留着长指甲，里面经常藏着很多"东西"，有时候手上还记着电话号码。每当他伸出手时，别人总是感觉"眼前一黑"。在大多情况下，根本没有机会见到想见的客户。

对于大多数女性来说，都希望拥有一双健康美丽的纤纤玉手。因为这不只是女性的爱美心理在作怪，更是由于她们深深懂得双手在公众形象中所起的重要作用。因此，她们会细心呵护自己的双手。

别人看到你的双手，不可避免地会看到你的指甲。因此，保持指甲的良好状态也是保护双手所必不可或缺的。

如果你对自己的双手足够的重视，就必须经常修剪指甲。因为在职场中或是商务交往等场合，没人喜欢留着长指甲的人。指甲的长度，不应超过手指指尖。因为长指甲不仅不利于健康，社交中也容易伤到他人。

现代社会，很多女性都喜欢给自己的手指涂上各色的指甲油，如果在工作之外的场合，涂一点儿也无妨，但在工作场合，你就需仔细考虑一下了。

如果想让你的手指看起来比较修长的话，把指甲稍微磨尖，同时使用一种透明稍带粉红或肉色的指甲油来增加效果，不仅仅是因为这些指甲油的颜色和所有衣服颜色都很般配，还因为一旦指甲油脱落，看起来也不会太明显。

许多忙碌的女性都认为，一个月专门去拜访专业的美甲店几次是值得的，尤其是她们要经常旅行的时候。如果你以前从未去过的话，去一次看看对你有没有效。你每次不用花太多的时间就能让你的指甲美观一点儿。这样，每次当你看着自己的手时，都能给自己增添一份自信。

一定要记得让美甲店给你使用上面推荐的天然的或者是珍珠粉的颜色，另外别忘了再多涂一层。千万不要听她的劝说使用双色的、过暗或者过亮的指甲油。

如果你由于各种原因不能让专业的美甲师给你设计整修指甲，那么就要靠你自己了，可千万不要找借口对自己的双手置之不理啊，它们可是你的第二张脸。以下提供几条简单易行的针对指甲的小办法：

长度：手指甲长度不能超过2毫米。

缝隙：不能有异物。

习惯：养成"三天一修剪，每天一检查"的良好习惯。

美甲：日常生活中，涂指甲油要均匀、美观、整洁。

行规：服务行业上班时不允许涂指甲油或只允许涂无色的指甲油。

手的美没有绝对的标准，但对年轻的女子来说，埋想的手要丰满、修长、流畅、细腻、平滑，它应具有一种观感上形态美与接触中感觉美，因而要对手部进行清洁、保养和美化。

人的双手因为长时间暴露在空气中，而且还要去做各种各样的劳动，因此手部皮肤特别容易干燥、老化。因此，就要时刻注意对手部皮肤的保养，延缓皮肤衰老，让双手健康美丽。

平时饮食要注意营养的摄取，多食富含蛋白和纤维素的食物，少食辛辣食物，多饮水，禁烟。要注意劳逸结合，保证充足睡眠，保持精神愉快。要少晒太阳，烈日下撑伞遮光，如果对光过敏还要外涂防晒霜。搽化妆品时要选择适合自己皮肤的品牌。

保持手部皮肤清洁是至关重要的一步，清洁皮肤就要养成勤洗手的习惯。手部每天接触的物体很多，因而要及时将污物、灰尘等有害皮肤的东西洗净，要认真做到"三前三后"，即上班前、接触入口食物前、下班前要洗手；手脏后、去过卫生间后、吸烟后要洗手。

社交活动中，人与人之间需要经常握手。即使不握手，手也是仪容的重要部位。

在招待客人端茶给对方时，在签字仪式上众目注视时，如果自己的手非常漂亮，不但可表现出自己的魅力，同时也会让他人觉得很舒服。因此，健康美观的双手是你绝对不可以忽视的部分。

握手的礼仪是从掌心开始的交流

据说握手礼最早始于欧洲，当时是为了表示友好，是手中没有武器的意思。但现在已成为世界性的"见面礼"。

握手是人们日常交际的基本礼仪，握手可以体现出一个人的情感和意向，显示一个人的虚伪或真诚。握手在人际交往中如此重要，可有人往往做得并不太好。

艾丽是个热情而敏感的女士，目前在中国某著名房地产公司任副总裁。那一日，她接待了来访的建筑材料公司主管销售的韦经理。韦经理被秘书领进了艾丽的办公室，秘书对艾丽说："艾总，这是××公司的韦经理。"

艾丽离开办公桌，面带笑容，走向韦经理。韦经理先伸出手来，让艾丽握了握。艾丽客气地对他说："很高兴你来为我们公司介绍这些产品。这样吧，让我看一看这些材料，我再和你联系。"韦经理在几分钟后就被艾丽送出了办公室。几天内，韦经理多次打电话，但得到的是秘书的回答："艾总不在。"

到底是什么让艾丽这么反感一个只说了两句话的人呢？艾丽在一次讨论形象的课上提到这件事，余气未消："首次见面，他留给我的印象不但是不懂基本的商业礼仪，而且没有绅士风度。他是一个男人，位置又低于我，怎么能像王子一样伸出手让我来握呢？他伸给我的手不但看起来毫无生机，握起来更像一条死鱼，冰冷、松软、毫无热情。当我握他的手时，他的手掌也没有任何反应，我的选择只有感恩戴德地握住他的手，只差跪下来吻他的高贵之手了。握手的这几秒钟，他就留给我一个极坏的印象，他的心可能和他的手一样冰冷。他的手没有让我感到对我的尊重，他对我们的会面也并不重视。作为一个公司的销售经理，居然不懂得基本的握手礼仪，他显然不是那种经过严格职业训练的人。而公司能够雇用这样素质的人当销售经理，可见公司管理人员的基本素质和层次也不高。这种素质低下的人组成的管理阶层，怎么会严格遵守商业道德，提供优质、价格合理的建筑材料？我们这样大的房地产公司，怎么能够与这样作坊式的小公司合作？怎么会让他们为我们提供建材呢？"

握手是陌生人之间第一次的身体接触，只有几秒钟的时间。但这短短的几秒钟是如此的关键，立刻决定了别人对你的喜欢程度。握手的方式、用力的大小、手掌的湿度等，像哑剧一样无声地向对方描述你的性格、可信程度、心理状态。握手的方式表现了你对别人的态度是热情还是冷淡，是积极还是消极，是尊重别人、诚恳相待，还是居高临下，敷衍了事。一个积极的、有力度的正确的握手，表达了你友好的态度和可信度，也表现了你对别人的重视和尊重。一个无力的、漫不经心的、错误的握手，立刻传送出不利于你的信息，让你无法用语言来弥补，它在对方的心里留下了对你非常不利的第一印象。有时也会像上面的那位销售经理那样失去极好的商业机会。因此，握手在商业社会里几乎意味着经济效益。

玛丽·凯·阿什是美国著名的企业家，她是退休后创办化妆品公司的。开业时，雇员仅有 10 人，20 年后发展成为拥有 5000 人、年销售额过亿美元的大公司。

玛丽·凯在其垂暮之年为何能取得如此巨大的成就？她说，她是从懂得真诚握手开始的。

玛丽·凯在自己创业前，在一家公司当推销员，有一次，开了整整一天会之后，玛丽·凯排队等了三个小时，希望同销售经理握握手。可是销售经理同她握手时，手只与她的手碰了一下，连瞧都没瞧她一眼，这极大地伤害了她的自尊心，工作的热情再也调动不起来。当时她下定决心："如果有那么一天，有人排队等着同我握手，我将把注意力全部集中在站在我面前同我握手的人身上——不管我有多累！"

果然，从她创立公司的那一天开始，她无数次地和人握手，总是公正、友好、全神贯注地与每一个人握手，结果她的热情与真诚感动了每一个人，许多人因此心甘情愿地与她合作，于是她的事业蒸蒸日上。

所以，为了在这轻轻一握中传达出热情的问候、真诚的祝愿、殷切的期盼、由衷的感谢，我们对握手的分寸、握手的细节的把握是十分必要的。

握手是很有学问的。美国著名盲聋作家海伦·凯勒写道："我接触的手，虽然无言，却极有表现力。有的人握手能拒人千里之外，我握着他们冷冰冰的指尖，就像和凛冽的北风握手一样。也有些人的手充满阳光，他们握住你的手，使你感到温暖。"

"身送七步"，注意送人的礼节

俗话说："出迎三步，身送七步。"在应酬接待中，许多人对客户的迎接礼仪往往热烈隆重，却常常忽视了对客户的欢送礼仪，这样就常常给人以"人一走茶就凉"的悲凉感，无形中引起别人的反感，为自己的成功增加了阻力。

在中国的应酬中，许多的知名企业家都深知"身送七步"的重要性，也格外注意送人的礼节，中国商业巨人李嘉诚就是其中一个绝佳的典范。一位内地企业家在接受电视采访时谈到了他去李嘉诚办公室拜访李嘉诚的经历。那天，李嘉诚和儿子一起接见了他。会谈结束之后，李嘉诚起身从办公室陪他出来，送他到电梯口。更让人惊叹的是，李嘉诚不是送到即走，而是一直等到电梯上来，他进了门，再举手告别，一直等到电梯门合上。身为亚洲首富的李嘉诚日理万机，可他依旧注重礼节，严格遵循"身送七步"的礼仪，亲自送客，没有一丝一毫的怠慢之举。这位内地企业家面对着电视机前的亿万观众动情地说："李嘉诚这么大年纪了，对我们晚辈如此尊重，他不成功都难。"

"身送七步"，商业巨人李嘉诚都不忘的待客礼仪，经常在应酬场上的人更要铭记在心，以实际行动给客户贴心之感，才能拉近和客户的心理距离，促成、促进合作。

作为常应酬的人员，不仅要认识到迎接客人的重要性，更要明白送客礼仪的重要性。不要做到了"迎人三步"，却忘记了"身送七步"，否则会给客户留下"虎头蛇尾"的印象，甚至造成前功尽弃、功亏一篑的局面。

送客时应注意以下几点：

1. 让客户先起身

当客户提出告辞时，要等客户起身后再站起来相送，切忌没等客户起身，自己先于客户起立相送。更不能嘴里说再见，而手中却还忙着自己的事，甚至连眼神也没有转到客户身上。

2. 送客也不失热忱

当客户起身告辞时，应马上站起来，主动为客户取下衣帽，帮他穿上，与客户握手告别，同时选择最合适的言辞送别，如希望下次再来等礼貌用语。每次见面结束，都要以期待再次见面的心情来恭送对方回去，尤其对初次来访的客户更要热情、周到、细致。

3. 代客提重物

当客户带有较多或较重的物品，送客时应帮客户代提重物。与客户在门口、电梯口或汽车旁告别时，要与客户握手，目送客户上车或离开，要以恭敬真诚的态度，笑容可掬地送客，不要急于返回，应鞠躬挥手致意，待客户移出视线后，才可结束告别仪式。否则，当客户走完一段再回头致意时，发现主人已经不在，心里会很不是滋味。

4. 晚一步关门

许多时候，商务人士将客户送出门外，不等客户走远，就"砰"的一声将门关上，往往给客户类似"闭门羹"的恶劣感觉，并且很有可能因此而"砰"掉客户来访期间培养起来的所有情感。因此，商务人士在送客返身进屋后，应将房门轻轻关上，不要使其发出声响，最好是等客户远离后再轻声关上门。

心理学上不但有首因效应，也有"末因效应"——"最初的"和"最后的"信息，都能给人们留下深刻印象，"最初的"印象尚可弥补，而"最后的"信息往往无法改变——"送往"的意义大于"迎来"。做到"出迎三步"，你的商务应酬级别只能属于初步及格水准，做到"身送七步"，你才能迈入商务应酬优秀者的行列。商务应酬场上，"身送七步"你做到了吗？

接电话，别让铃响多于三声

　　每个人打电话时，都习惯于在等待电话被接通前的时间里最后调整一下思绪，再次在心里重申此次去电的目的。这个电话被接通前的等待时间，往往被人们的惯性所设限，大多以电话铃响三声为限，电话铃三声之内接听，则容易打乱等待者的思绪，而电话铃响过了三声还无人接听，等待者就会焦躁起来，不满情绪由此滋生。因此，在电话铃响过三声之后才接起电话，就要做好面对来电者的怒气和不满的准备，给予对方合理的解释，并致以诚挚的歉意。这才能扭转因接电话失礼而在对方心中造成的恶劣印象。

　　因此，电话铃一响，应尽快接听，而不要置若罔闻，或有意延误时间，让对方久等。拖延时间不仅失礼，甚至会产生许多不必要的误会。

　　此外，在某些特殊情况下，人们实在难以遵循"响三声就接"的接听电话原则时，则应注意灵活处理。

　　某公司的经理在会议室接待一个客户时，突然秘书前来转告他有一个紧急电话，是公司老板为一件项目的失利大发雷霆。一听到这个，经理心中惊恐万分，也顾不得和客户解释，就急匆匆地离开会议室，前去接听电话。经过经理百般解释，公司老板才知道这原来是个误会，是某位下属不小心送错了材料所致。和公司老板通完电话，经理才想起客户还在会议室里，急匆匆赶到会议室，可惜客户早已经离开了，客户留给经理秘书一句话："你们经理实在太忙了，我看这个合约的事情还是等以后再说吧！"

事后，不管这位经理如何解释，客户都没能原谅他的失礼，一笔生意也就此泡汤。

遇到这种接待客户和接听电话都要顾及的时候，不仅要分清主次，更要不失礼节。如果电话过于紧急而不得不接时，就需要向被接待的客户致以诚挚的歉意，在获得客户谅解的情况下再去接电话。或者是接起电话向来电者致歉，另约时间回电，再继续接待客户。

总之，电话铃声一旦响起，要立即放下手头的事，在铃响的第一时间段内，也就是电话铃响三声的时候，迅速接起电话，即使是离电话机很远也要赶紧过去接电话。

接听是否及时不仅反映了一个人待人接物的真实态度，更代表了一个公司工作效率的高低，直接影响来电客户对公司的印象。

商务赞助会，助人利己不可颠倒主次

在现代这个商业社会，企业不仅会选择在媒体打硬广告的形式，也会选择进行商务赞助会这样的软广告形式，既能扶危济贫，向社会奉献自己的爱心，体现出自己对于社会的高度责任感，以自己的实际行动报效于社会、报效于人民，而且也有助于获得社会对自己的好感，也扩大了自己的知名度和美誉度，为自己塑造良好的公众形象。因此，商务赞助会日益成为现代商务应酬中的一个重要组成部分。

但是，如果不能把握好商务赞助会"赞助他人为主，宣传自己为辅"的主次之分，不仅仅是一种失礼的行为，也会导致主次颠倒，就容易使赞助会沦为变质的商务宣传会，反而引起公众的反感，得不偿失。

要正确发挥商务赞助会的作用，既帮助他人又使自己从中得利，需要注意这些小细节。

1. 双方事先约定

在开展商务赞助活动之前，双方必须对赞助活动的种种细节达成协议，最好签订正式的赞助协议，某些大型的商务赞助活动更是要请公证机关进行公证。尤其是要"把丑话说在前头"，分清彼此的责任和义务，才能合作愉快。这样才能在面临种种变故时迅速应对，确保赞助会的成功召开。

2. 场地布置宜简洁

一般来讲，赞助会的会场不宜布置得美轮美奂，过度豪华张扬。否则，极有可能会使赞助单位产生不满，因为它由此可能产生受赞助单位不务正业、华而不实的感觉。

举行赞助会的会议厅之内，灯光应当亮度适宜。在主席台的正上方还需悬挂一条大红横幅，在其上面应以金色或黑色的楷书书写着"某某单位赞助某某项目大会"，或者"某某赞助仪式"的字样。前一种写法是突出赞助单位；后一种写法，则主要是为了强调接受赞助的具体项目。整个会场布置宜简洁大方。

3. 重点邀请新闻人士

参加赞助会的人士，既要有充分的代表性，又不必在数量上过多。除了赞助单位、受助者双方的主要负责人及员工代表之外，赞助会应当重点邀请政府代表、社区代表、群众代表以及新闻界人士参加。在邀请新闻界人士时，特别要注意邀请那些在全国或当地具有较大影响力的电视、报纸、广播等媒体人员与会。

4. 时间宜短不宜长

依照常规，一次赞助会的全部时间，不应当长于一个小时。太短达不到宣传自己的目的，难以给新闻媒体提供可报道的资料，太长则容易让与会者产生疲惫感，也让在众多新闻中奔波的新闻媒体心生恶感。因此赞助会的具体会议议程，必须既周密，又紧凑。

此外，商务赞助会的整体风格是庄严而神圣的，因此任何与会者都不能与之唱反调。

做好以上这些细节工作，自然不会出现主次颠倒的尴尬局面，就能举办一次成功的商务赞助会，达到双赢的目的。

第四章

真诚待人获信任，

亲切和蔼赢好感

层层释疑，让对方放下心理包袱

无论是求人办事，还是想进一步发展彼此的交情，赢得他人信任是成功交际必不可少的基本条件。因为人的思想是复杂的，有时会对某些事情感觉不是很有把握，或对某一事物不理解、想不通，于是疑虑重重，这些往往是不可避免的。

想从根本上解决这一问题，就要求我们要善于以情定疑，把道理说透。一旦消除了这些疑虑，自然就能够赢得对方的信任。不过，消除别人的疑虑并不是一件很容易的事情，而需要一点一点地、层层递进，穷追不舍，把道理讲明白、讲透彻，这就是层层释疑的方法。

1921 年，美国百万富翁哈默听说苏联实行新经济政策，鼓励吸收外资，就打算去苏联做粮食生意，当时苏联正缺粮食，恰巧美国粮食大丰收。此外，苏联有的是美国需要的毛皮、白金、绿宝石，如果双方交换，是一笔不错的交易。哈默打定了主意，来到了苏联。

哈默到达莫斯科的第二天早晨，就被召到了列宁的办公室，列宁和他进行了亲切地交谈。粮食问题谈完以后，列宁对哈默说，希望他在苏联投资，经营企业。西方对苏联实行新经济政策抱有很深的偏见，搞了许多怀有恶意的宣传。哈默听了，心存疑虑，默默不语。

聪明的列宁当然看透了哈默的心事，于是耐心地对哈默讲了实行新经济政策的目的，并且告诉哈默："新经济政策要求重新发展我们的经济潜能。我们希望建立一种给外国人以工商业承租权的制度来加速我们的经济发展。"

经过一番交谈，哈默弄清了苏维埃政权的性质和苏联吸引外资企业的平等互利原则，于是很想大干一番。但是不一会儿，他又动摇起来，想打退堂鼓。为什么？因为哈默又听说苏维埃政府机构，人浮于事，手续繁多，尤其是机关人员办事儿拖拉的作风，令人吃不消。

当列宁听完哈默的担心时，立即又安慰他道："官僚主义，这是我们最大的祸害之一。我打算指定一两个人组成特别委员会，全权处理这件事，他们会向你提供你所需要的帮助。"

除此之外，哈默又担心在苏联投资办企业，苏联只顾发展自己的经济潜能，而不注意保证外商的利益，以致外商在苏联办企业得不到什么实惠。

当列宁从哈默的谈吐中听出这种忧虑，马上又把话说得一清二楚："我们明白，我们必须确定一些条件，保证承租的人有利可图。商人不都是慈善家，除非觉得可以赚钱，不然只有傻瓜才会在苏联投资。"

列宁对哈默的一连串的疑虑，逐一进行释疑，一样一样地都给他说清楚，并且斩钉截铁，干脆利落，毫不含糊，把政策交代得明明白白，使得哈默的心好像一块石头落了地。没过多久，哈默就成了第一个在苏联租办企业的美国人。

假如当初列宁不是很巧妙地解开哈默的疑问，那么哈默很有可能就不会在苏联投资了，那样无论对哪一方都将会是一种损失。

因此，在交际中当对方心存疑虑时，你若是想赢得对方的信任，最好采用层层释疑的方法，巧妙解开对方的疑团，让对方放下心理包袱，那么彼此间的交往就会变得顺畅多了。

把"他应该知道"的事详细告诉他，消除不信任感

一般情况下，不信任感容易产生在我们未给予对方充分的信息，让对方怀疑你对他隐瞒了什么时。因为双方掌握的信息量有出入，对方会担心自己处于不利的状态。如果不消除对方这种心理状态，就想让他做什么事情，他会担心你在利用他的无知，因此就会对你产生不信任感。

在这种情况下，有两点必须引起我们的注意。

首先，不要认为对方可能已经知道了某件事情，就不再告诉他。这时"因为他没问，所以我没说"这种说法是行不通的。缺乏信息的对方往往会因为以下两种原因而不去主动询问：第一，不知道自己的

不明之处，也就是说，不知道自己在哪方面缺乏信息；第二，因为不知道，所以担心对方知道自己不知道。所以，为了防止因信息量的差距而产生不信任感，或是已经产生了不信任感想加以消除，你首先应该把你认为"他应该知道"的事情详细告诉对方，以缩小这种信息量的差距。

其次，必须注意的是，在给予对方信息时，如果都是你这一方的信息，反而会招致对方对你的不信任。因此，你应该自然地说明对方自己可以确认那些信息是否可靠的办法。例如，你可以对他说："你去问某某，就更清楚了。"另外，运用在说服的同时讲明消极信息的做法也是消除不信任感的好方法。

我们平时在日常生活中，不要老是向有求于自己的人说"不"。在可能的情况下，为了以后有求于别人，应尽可能地说"是"，这样等有朝一日换你想说服他时就会轻松许多。正如卡耐基所指出，要想成功地搭建沟通的桥梁，首先应让对方感觉你是可信的。

用好态度打消对方疑心，让他知道你可信

在消除对方疑虑取得信任的过程中，好态度是一个不容忽视的重要因素。下面，我们一起来看看卡耐基在这方面的亲身经历。

有一次，卡耐基受一家公司委托，请求某位学者帮忙。起初工作

进展得好像很顺利，但是不久之后，公司的负责人给他打来了一个令人不解的电话，说不知道为什么，学者的态度突然变了，弄不好会拒绝工作。卡耐基对他采取了各种方法，仍无济于事。即使是允诺改善工作报酬、放宽日期也未能打动他的心。

卡耐基想总得见他一面，听听情况。于是，当天晚上，他陪公司负责人拜访了那位学者。在学者家里，卡耐基听到学者说的话之后感到非常意外，那位学者提到担心公司方面是否能履行有关合同，和公司配合得不够默契等。

卡耐基知道在这种情况下说服也是不起作用的，因此在回家的途中，他向与他同路的公司负责人建议说："我不知道究竟是什么原因造成了这样的结果，也许是一些不重要的小事引起了他对公司的不信任，现在说服他是没有用的。为了打破僵局，你应该尽快向对方表示出公司的诚意和热情。"

第二天早上天刚亮，公司负责人就兴高采烈地给卡耐基打电话说："先生，他又愿意接受工作了。"原来，那天夜里他们分手以后，卡耐基又回到学者家附近，在那里拦了一辆出租车，等待着次日要搭第一趟火车去旅行的学者，并把他送到了火车站。他又说："我一直祈祷着学者能乘坐我准备好的出租车，因为他坐不坐这辆车是事情能否成功的关键。"听他这么一说，卡耐基认为那位学者的不信任感也该冰消瓦解了。

这件事只不过是卡耐基的一点点经历，相信很多读者也可能被对方这样拒绝过。不难看出，卡耐基之所以会感到那位学者拒绝工作的原因可能来自对公司的不信任感，也可能是从他的言行中发现了具有不信任感的人所具有的特征。

如果对人不信任，通常就会产生强烈的疑心。因此，一般人不认为是什么大问题的事情他却会觉得非常严重。例如，反复叮咛对方要守约、保守秘密、互相尊重人格等做人最基本的原则，或是将互相信任的人之间用来开玩笑的事情，视为了不得的大问题。

同时，若是担心自己不知何时被不信任的对方所"出卖"，也是会表现出拒绝对方接近的态度。例如，说话带刺，或是你说一句，他却反驳两三句。不过，这些表现尚属初期的症状，一个怀有根深蒂固的不信任感的人，或认为反驳对方也无济于事的人，往往会采取没有反应、装作没听见或爱理不理的拒绝方式。尽管他与你对面而坐，往往表示出与所谓敞开胸襟的态度完全相反的别扭态度。有时虽然自己不开口，却想窥测你心中的细微变化。因此，眼神中会充满冷漠的寒光或将视线移向别处。

还需要注意的是，如果发现对方持有不信任感，对他使用了不适应他心理的交流方法，反而会加厚对方的心理屏障。因此，首先要搞清楚对方产生不信任感的原因，然后再根据它将会怎样发展下去这种心理结构，进行进一步的交流往来。

恪守信用能赢得对方长久信赖

信用是长时间积累的信任和诚信度，它是我们与人竞争和与人共处时最重要的素质和资本。一个有交际能力的人应该是一个恪守信用的人，以诚信去处理人际关系才会赢得别人的信任与尊重，赢得更多的朋友，有时甚至可以决定你的生存质量和命运走向。

一个顾客走进一家汽车维修店，自称是某运输公司的汽车司机。"在我的账单上多写点儿零件，我回公司报销后，有你一份好处。"他对店主说。

但店主拒绝了这样的要求。

顾客纠缠说："我的生意不算小，会常来的，你肯定能赚很多钱！"

店主告诉他，这事他无论如何也不会做。

顾客气急败坏地嚷道："谁都会这么干的，我看你是太傻了。"

店主火了，他要那个顾客马上离开，到别处谈这种生意去。

这时顾客露出微笑并满怀敬佩地握住店主的手："我就是那家运输公司的老板，我一直在寻找一个固定的、信得过的维修店，你还让我到哪里去谈这笔生意呢？"

面对诱惑，店主没有心动，不为其所惑，坚守诚信，因此他赢得了顾客的信任。诚信是为人之本，立业之基，是打开你人际关系的"万能钥匙"。

如今，我们需要的是信任、信赖和相互扶持，这就需要我们敞开心扉，用真诚和诚实对待别人，用诚信之心面对周围的人和事物，因为只有诚信才能征服别人，赢得尊重。

尼泊尔的喜马拉雅山南麓是风靡世界的旅游胜地，但是，谁能想象到这样一块胜地早年却是无人问津，而它的美貌乍现于天下却源于一位少年的诚信。

起初，有很多日本人到这里来观光旅游，他们想亲眼看见喜马拉雅山的壮观和伟岸。由于不熟悉当地环境和方言，有一天，几位日本摄影师不得不请当地一位少年代买啤酒，结果，这位少年为之跑了3个多小时才买回了啤酒。第二天，那个少年又自告奋勇地再替他们买啤酒。这次摄影师们给了他很多钱，但直到第三天下午那个少年还没回来。于是，摄影师们议论纷纷，都认为那个少年把钱骗走了。但令人意想不到的是，第三天夜里，那个少年却敲开了摄影师的门。原来，他只购得4瓶啤酒，为了购买另外的6瓶，他又翻了一座山，趟过一条河才购得，然而，小男孩返回时却因绊倒摔坏了3瓶。他哭着拿着碎玻璃片，向摄影师交回零钱，在场的人无不动容。这个故事使许多外国人深受感动。后来，到这儿的游客就越来越多了……

不要以为"陈规老套"对当代人早已过时了，不适用了，我们应该耍小聪明的时候就要耍了……如果你这么想，那你就大错特错了。其实，很多老祖宗留下的东西都是"宝贝"，弃之不用，你只会在无数摸爬滚打中"栽跟头"，在无数挫折困难中验证它的真理性。

譬如诚信，"无信者不足以立于天下"，也许一个背信弃义的人在人际交往中可能取得暂时的利益，能暂时得意，也不会有羞辱之感，但是时间会碾碎他，时间会抛弃他，时间会让他曾经"购买"的"股票"全部贬值，而且贬得一文不值。

在这个世界上有些东西是具有永久的"储藏"价值的，诚信便是，"储存"诚信能让你赢得别人的信赖和信任，更能征服别人，让你的"腰板"更直，是助你的学业或者事业取得成功的重要砝码。

真诚分享个人体验是赢得信任的绝佳方法

要赢得对方的信任，进而说服对方的方法是很多的，但其中很重要的一方面就是说话必须要有效果，要懂得说话的技巧和方法。

爱默生认为，不管一个人的地位如何低，都可以向他学习某些东西，因此每一个人跟他说话时，他都会侧耳聆听。相信在银幕外面时没有一个人听过的话比卡耐基更多，只要是愿意说出个人体验的人，就算他所得到的人生教训微不足道，卡耐基仍然能够听得津津有味，始终不曾感到乏味。

有一次，有人请卡耐基训练班的教师在小纸条上写下他们认为初学演说者所碰到的最大问题。经过统计之后发现，"引导初学者选择适当的题目演说"，这是卡耐基训练班上课初期最常碰到的问题。

什么才是适当的题目呢？假使你曾经具有这种生活经历和体验，经由经验和省思而使之成为你的思想，你便可以确定这个题目适合于你。怎样去寻找题目呢？深入自己的记忆里，从自己的背景中去搜寻生命中那些有意义并给你留下鲜明印象的事情。

多年前，卡耐基根据能够吸引听众注意的题目做了一番调查，发现最受听众欣赏的题目都与某些特定的个人背景有关，例如：

早年成长的历程：与家庭、童年回忆、学校生活有关的题目，一定会吸引他人的注意。因为别人在成长的环境里如何面对并克服阻碍的经过，最能引起听众的兴趣。

你的嗜好和娱乐：这方面的题目依各人所好而定，因此也是能引人注意的题材。说一件纯因自己喜欢才去做的事，是不可能会出差错的。你对某一特别嗜好发自内心的热忱，能使你把这个题目清楚地交代给听众。

幼年时代与奋斗的经过：像有关家庭生活、童年时的回忆、学生时代的话题以及奋斗的经过，几乎都能赢得听众的注意，因为几乎所有的人，都很关心其他的人在各自不同的环境中，如何碰到障碍以及如何克服它。

年轻时代的力争上游：这种领域的话题，亦颇富于人情味以及趣味的。为了争口气，在社会上扬眉吐气，这种力争上游的经过，必能牢牢地抓住听众的心，你如何争取到现在的工作？你如何创办目前的事业？是什么动机促成你今日的成就？这些都是受到欢迎的好题材。

特殊的知识领域：在某一领域工作多年，你一定可以成为这方面的专家。即使根据多年的经验或研究来讨论有关自己工作或职业方面的事情，也可以获得听众的注意与尊敬。

不同寻常的经历：你碰到过伟人吗？战争中曾经受过炮火的洗礼吗？经历过精神方面的危机吗？诸如这些经验，都能够成为很好的谈话题材。

因此，你可以用下面的方法赢得听众的信任。

1. 说自己经历或考虑过的事情

若干年前，卡耐基训练班的教师们在芝加哥的希尔顿饭店开会。会中，一位学员这样开头："自由、平等、博爱，这些是人类字典中最伟大的思想。没有自由，生命便无法存活。试想，如果人的行动自由处处受到限制，那会是怎样的一种生活？"

一说到这儿，他的老师便明智地请他停止，并问他何以相信自己所言。老师问他是否有什么证明或亲身经历可以支持他刚才所说的内容。于是他告诉了我们一个真实感人的故事。

他曾是一名法国的地下斗士。他告诉我们他与家人在纳粹统治下所遭受的屈辱。他以鲜明、生动的词语描述了自己和家人是如何逃过秘密警察的追捕并最后来到美国的。他是这样结束自己的讲话的：

"今天，我走过密歇根街来到这家饭店，我能随意地自由来去。我经过一位警察的身边，他也并不注意我。我走进饭店，也无须出示身份证。等会议结束后，我可以按照自己的选择前往芝加哥任何地方。因此请相信，自由值得我们每个人为之奋斗。"

全场观众起立为他热烈地鼓掌。

2. 讲述生命对自己的启示

诉说生命启示的演说者，绝不会吸引不到听众。卡耐基从经验中得知，很不容易让演说者接受这个观点——他们避免使用个人经验，以为这样太琐碎、太有局限性。他们宁愿上天下地去扯些一般性的概念及哲学原理。可悲的是，那里空气稀薄，凡夫俗子无法呼吸。人们都会关注生命，关注自我，因此当你去诉说生命对你的启示时，他人自然会成为你的忠实听众。

3. 真切显露你的诚意

这里有个问题，即你以为合适的题目，是否适合当众讨论。假设有人站起来直言反对你的观点，你是否会信心十足、热烈激昂地为自己辩护？如果你会，你的题目就对了。

学会推销自己，让他知道你重要

交际中，想要赢得他人的信任，首先需要让对方对你有所了解，那么，自我推销就显得非常重要。尤其在初次见面时，如果能让人对你留下深刻的印象，那将是非常重要的。

为了做好自我推销，你首先要做好自我介绍。

当你们见面，目光相对，互露微笑之后，接下去就是"我叫……"的自我介绍，这种介绍的要点就是要讲清楚自己的名字和身份。如果对方因没有搞清你的名字而叫错你，彼此一定会觉得很尴尬，很容易造成不愉快的场面。因此，自我介绍时，除了要讲清楚自己的名字和身份外，最好附带一句能给别人留下深刻印象的解释，比如说："我姓张，弓长张。"这样不但不会使对方发生误解，还可以加深对方的印象。

非常重要的一点是必须记牢对方的名字，最好的办法就是找机会说出对方的名字，帮助记忆，在讲话中时常提到对方的名字，这样对方会觉得你很重视他而感到愉快，促进感情交流。

接下来，你就可以向别人推销你的优点了，当然在自我推销时，你必须抓住时机。在中国历史上关于推销自己的故事就很多，毛遂自荐便是最著名的一个例子。

当时，赵国被秦国打得节节败退，公子平原君计划向楚国求救，打算从门下食客当中挑出20名文武兼备的人物与他随行，结果精选出19位，还差一位无法选出，平原君伤透了脑筋，这时有个叫毛遂的人自我推荐，要求加入。

平原君大为惊讶，就对毛遂说："凡人在世，如同锥子在袋子里面，若是锐利的话，尖端很快就会戳穿袋子，露在外面，而人会出人头地。可是，你在我门下三年，一向默默无闻，你没有崭露锋芒。"

毛遂回答说："我之所以默默无闻，就是因为我一直没有机会，如果把我放在袋子里面，不仅尖端，甚至连柄都会露在外面。"

平原君听完后，就决定让他加入行列，凑足了 20 人，前往楚国求救。到了楚国后，毛遂大露锋芒，协助平原君成功地完成了任务。其余 19 人都望尘莫及，自愧不如。

无论与什么人打交道，请记住，只有你真正向别人推销出你的才能时，别人才会信任你，你们的交往才会顺利进行，你的事情自然也会更好办。

第五章

把握时机说好话，

跟谁都能聊得来

抓住对方的心理，把话说到点子上

要想让对方接受你的劝说，首先要了解对方的心理，再通过对方感觉不到的小小的压力渐渐地使他消除戒备心理，这是很奏效的。

与人交谈时，话题的展开如果能迎合对方的心理，就能以更加牢固的纽带来连接双方心理上的"齿轮"，增进彼此的情感交流。我们往往都认为，只要说得有理对方就一定能接受，但是，要使对方真正理解并能彻底接受，就应该将沟通渠道建立在这种理论对话下的心理上。

小吴大学毕业以后决心自谋职业。一次，他在一家报纸的广告里看到某公司征聘一位具有特殊才能和经验的专业人员。小吴没有盲目地去应聘，而是花费很多精力，广泛收集该公司经理的有关信息，详细了解这位经理的奋斗史。那天见面之后，小吴这样开口：

"我很愿意到贵公司工作，我觉得能在您手下做事，是最大的光荣。因为您是一位依靠奋斗取得事业成功的人物。我知道您28年前创办公司时，只有一张桌子、一位职员和一部电话机，经过您的艰苦奋斗，才有了今天的事业。您这种精神令我钦佩，我正是奔着这种精神才前来接受您的挑选的。"

所有事业有成的人，差不多都乐于回忆当年奋斗的经历，这位经理也不例外。小吴一下子就抓住了经理的心，这番话引起了经理的共鸣。因此，经理乘兴谈论起他自己的成功经历。小吴始终在旁洗耳恭听，以点头来表示钦佩。最后，经理向小吴很简单地问了一些情况，终于拍板："你就是我们所需要的人。"

要想把话说到点子上，就必须抓住对方的心理。如果不知对方心理所想所需，是无法说到点子上的。就像一个神枪手，如果蒙上他的眼睛，再让他去找一个目标，那么，他只能凭感觉去打，这是难以击中目标的。所以，与人说话时，必须要洞察、迎合对方的心理，才能说到点子上。

避免争论，绕过矛盾

卡耐基说："我们绝不可能对任何人——无论其智力的高低——用口头的争斗改变他的思想。"

一个过于争强好胜的人面临着两种选择：要么是暂时的、表演式的、口头的胜利；要么是他人对你的长期好感。很少有两者兼得的情况。而我们有些人总是喜欢与人舌战不休，与人拍桌打椅，争得面红耳赤，嗓音嘶哑，而最后的结果只有一个：徒劳无益。因为即使他争赢了，但这种表面的胜利实无大益，而且会损伤对方的自尊，影响对方的情绪。若是争输了，当然自己也不会觉得光彩。所以，最好的策略就是避免与人争论。

卡耐基在人际关系上也有过失误，第二次世界大战刚结束的某一天晚上，他在伦敦参加一场宴会。宴席中，坐在他右边的一位先生讲了一段幽默故事，并引用了一句名言。那位健谈的先生说，他所引用的那句话出自《圣经》。

"他错了，"卡耐基回忆说，"我很肯定地知道出处。为了表现优越感，我很多事，很讨厌地纠正他。"他立刻反唇相讥："什么？出自莎士比亚？不可能！绝对不可能！那句话出自《圣经》。"

我的老朋友法兰克·格孟坐在我左边。他研究莎士比亚的著作已有多年，于是我俩都同意向他请教。格孟听了，在桌下踢了我一下，然后说："戴尔，你错了，这位先生是对的。这句话出自《圣经》。"

那晚回家的路上，我对格孟说："法兰克，你明明知道那句话出自莎士比亚。""是的，当然，"他回答，"哈姆雷特第五幕第二场。可是亲爱的戴尔，我们是宴会上的客人。为什么要证明他错了？那样会使他喜欢你吗？为什么不给他面子？他并没问你的意见啊。他不需要你的意见。为什么要跟他抬杠？永远避免跟人家正面冲突。"

"永远避免跟人家正面冲突。"卡耐基谨记了这个教训。

小时候，卡耐基是个积重难返的杠子头，他和哥哥曾为天底下任何事物而抬杠。进入大学，他又选修逻辑学和辩论术，也经常参加辩论比赛。他曾一度想写一本这方面的书，他听过、看过、参加过，也批评过数千次的争论。这一切的结果，使他得到一个结论：天底下只有一种能在争论中获胜的方式，就是避免争论，要像躲避响尾蛇那样避免争论。

十之八九，争论的结果会使双方比以前更相信自己的正确性。你赢不了争论。要是输了，当然你就输了；如果赢了，还是输了。为什么？因为"一个人也许口服，但心里并不服"。

你不能辩论得胜。你不能，因为如果你辩论失败，那你当然失败了；如果你获胜了，你还是失败的。为什么？假定你胜过对方，将他的理由击得漏洞百出，并证明他是神经错乱，那又怎样？你觉得很好，但他怎样？你使他觉得脆弱无援，你伤了他的自尊，他要反对你的胜利。

波恩互助人寿保险公司为他们的推销员定了一个规则："不要辩论！"真正的推销术，不是辩论，也不要类似于辩论。人类的思想不是通过辩论就可以改变的。

可能有人会说，真理只有一个，如果牺牲自己的正确主张而去同意对方的主张，那不是牺牲真理而去服从谬误了吗？其实不然，我们当然要拥护真理，我们当然不可以牺牲真理去服从那些不合理的主张。然而，在某种场所，虽然表面上你是牺牲真理而去迁就对方，实际上真理并不会因此而动摇。

事实上，避免争论可以节省你的大量时间和精力，使你投入到完善你的观点和实践你的观点的工作中去。完全没有必要浪费太多的精力去干那种没有结果也毫无意义的事情。少去了面红耳赤的争论，只会使双方相互尊重，从而增进友谊，有利于思想交流和意见的交换。

通常，我们可以从以下几方面来避免与人争论：

1. 欢迎不同的意见

当你与别人的意见始终不能统一的时候，这时就要舍弃其中之一。人的脑力是有限的，有些方面不可能完全想到，因而别人的意见是从另外一个人的角度提出的，总有些可取之处，或者比自己的更好。这时你就应该冷静地思考，或两者互补，或择其善者。如果采取了别人的意见，就应该衷心感谢对方，因为有可能此意见使你避开了一个重大的错误，甚至奠定了你一生成功的基础。

2. 不要相信直觉

每个人都不愿意听到与自己不同的声音。每当别人提出与你不同的意见时，你的第一个反应是要自卫，为自己的意见进行辩护并竭力地去寻找根据。这完全没有必要，这时你要平心静气地、公平、谨慎地对待两种观点（包括你自己的），并时刻提防你的直觉（自卫意识）对你做出正确抉择的影响。值得一提的是，有的人脾气不大好，听不得反对意见，一听见就会暴躁起来。这时就应控制你的脾气，让别人陈述自己的观点，不然，就未免气量太小了。

3. 耐心把话听完

每次对方提出一个不同的观点，不能只听一点就开始发作。要让别人有说话的机会。这样一是尊重对方，二是让自己更多地了解对方的观点，好判断此观点是否可取，努力建立了解的桥梁，使双方都完全知道对方的意思，不要弄巧成拙；否则的话，只会增加彼此沟通的障碍和困难，加深双方的误解。

4. 仔细考虑反对者的意见

在听完对方的话后，首先想的就是去找你同意的意见，看是否有相同之处。如果对方提出的观点是正确的，应放弃自己的观点，而考虑采取他们的意见。一味地坚持己见，只会使自己处于尴尬境地。因为照此下去，你只会做错。而到那时，给你提意见的人会对你说："早已给你说了，还那么固执，知道谁是对的了吧！"这时，自己怎么下台？所以为避免出现这种情况，最好是给对方一点儿时间，把问题考虑清楚，而不要诉诸争论。建议当天稍后或第二天再交换意见。这使双方都有时间，把所有事实都考虑进去，以找出最好的方案。

这时就应进行一下反思："反对者的意见，是完全对的，还是有部分是对的？他们的立场或理由是不是有道理？我的反应到底是有益于解决问题还是仅仅会减轻一些挫折感？我的反应会使我的反对者远离我还是亲近我？我的反应会不会提高别人对我的评价？我将会胜利还是失败？如果我胜利了，我将要付出什么样的代价？如果我不说话，不同的意见就会消失了吗？这个难题会不会是我的一次机会？"

5. 真诚对待他人

如果对方的观点是正确的，就应该积极地采纳，并主动指出自己观点的不足和错误的地方。这样做了，有助于解除反对者的武装，减少他们的防卫，同时也缓和了气氛。同时要明白，对方既然表达了不同的意见，表明他对这件事情与你一样的关心。因而不要把他们当作防卫的对象，不能因为提出了不同的意见就把他们当作"敌人"；反而应该感谢他们的关心和帮助。这样，本来也许是反对你的人也会变成你的朋友。

所以，你要说服对方，就请遵循说服的第一个原则：唯一能从争辩中获得好处的办法是避免争辩。

必要时刻，向对方适当提出挑战

对有些事情，当我们靠批评惩罚，或者表扬的手段解决不了的时候，我们可以考虑这样一种策略——给他人提出一种挑战，然后让他们自我面对。这也许比我们手拿鞭子紧随其后的效果要好得多。因为他们更清楚自己眼下的处境，更明白自己应该怎么去做。

史考伯曾说过："要使工作能圆满完成，就必须激起竞争，提出挑战，激起超越他人的欲望。"史考伯是这么说的，也是这么做的。

有一次，查尔斯·史考伯到下面一家工厂去，工厂经理来反映他的员工一直无法完成他们分内的工作。

他说："我向那些人说尽好话，我又发誓又诅咒，我也曾威胁要开除他们，但一点儿用也没有，还是无法达到预定的生产效率。"

当时日班已经结束，夜班正要开始。史考伯要了一根粉笔，然后，他问最靠近他的一名工人："你们这班今天制造了几部暖气机？""6部。"史考伯不说一句话，在地板上用粉笔写下一个大大的阿拉伯数字6，然后走开。

夜班工人进来时，他们看到了那个"6"字，就问这是什么意思。

"大老板今天到这儿来了，"那位日班工人说，"他问我们制造了几部暖气机，我们说6部。他就把它写在地板上。"

第二天早上，史考伯又来到工厂。夜班工人已把"6"擦掉，写上一个大大的"7"。

日班工人早上来上班时，看到了那个很大的"7"字。原来夜班工人认为他们比日班工人强，是吗？好吧，他们要向夜班工人还以颜色。他们努力地加紧工作，那晚他们下班时，留下一个颇具威胁性的"10"字。情况显然逐渐好转。

不久，这家产量一直落后的工厂，终于比其他工厂生产得更多。

足见，史考伯将"向对方适当提出挑战"的策略运用得如此恰到好处。其实，这招在政治领域同样适用。如果没有人向他提出挑战，西奥多·罗斯福可能就不会成为美国总统。

当时，这位义勇骑兵队的一员刚从古巴回来，就被推举出来竞选纽约州州长。结果，反对党发现他不是该州的合法居民，罗斯福吓坏了，想退出。但这时，托马斯·科力尔·普列特提出挑战。他突然转身面对罗斯福，大声喊道："圣璜山的这位英雄，难道只是一名懦夫？"罗斯福在这一激将之下继续奋斗下去，他的事迹被载入了历史。一个挑战不只改变了他的一生，而且也影响了一个国家的命运。

挑战的巨大力量，这个道理史密斯也知道。

当史密斯担任纽约州州长时，就遇到过这样一个问题。"猩猩监狱"是一个臭名昭著的监狱，没有狱长，许多黑幕及丑恶的谣言在狱中汹涌传出。史密斯需要一位强有力的铁一般强硬的人去治理这个监狱，他召来了劳斯。

"去照顾'猩猩'如何？"当劳斯在他面前的时候，他愉快地说，"他们那里需要一个有经验的人。"

劳斯窘了，他知道"猩猩监狱"的危险，那是一个不讨好的差使。受政治变化的影响，狱长一再更换，有一位任职只有 3 个星期，他在考虑他的终身事业。那值得他冒险吗？

史密斯看出了他的犹豫，往后一倚，微笑着说："青年人，我不怪你害怕，那不是一个太平的地方，那里确实需要一个大人物去治理。"

正是史密斯提出了这样一个挑战，劳斯喜欢尝试需要一个大人物的工作的意念，所以他去了，并成为在那儿任职最久的、最著名的狱长。他所著的《在"猩猩"的两年里》售出了几十万册。他曾应邀在电台讲话，他在猩猩生活的故事被拍成了数十部电影。他给罪犯"人道化"的做法造成了许多监狱改革的奇事。

那是任何成功者都喜爱的一种竞技，一种表现自己的机会；那是证明自身价值、争强斗胜的机会。正如卡耐基所说的那样："光用薪水是留不住好员工的，还要靠工作本身的竞争……"每个成功的人都喜爱竞争和自我表现的机会，以证明他自己的价值。

所以，如果你要使有精神、有勇气的人接受你的想法，就请记住这个说服的重要原则——提出挑战。

用商量的口吻向对方提建议，柔中取胜

任何人都是有自尊、讲面子的，所以，在说服他人的过程中，多用与他商量的口气给他提建议，少下命令，这样不但能避免伤害别人的自尊，而且会使他们觉得你平易近人，进而乐于接受你的建议，与你友好地合作。

张先生在工商界是赫赫有名的，他很懂得这个道理。据说他从不用命令式的口吻去说服别人，他要别人遵照他的意思去工作时，总是用商量的口气去说。譬如有人会说："我叫你这么做，你就这么做。"他从不这么说，而是用商量的口气说："你看这样做好不好呢？"假如他要秘书写一封信，他把大意和要点讲了之后，再问一下秘书："你

看这样写是不是妥当?"等秘书写好请他过目,他看后觉得还有要修改的地方,又会说:"如果这样写,你看是不是更好一些?"他虽然处于发号施令的地位,可是却懂得别人是不爱听命令的,所以不用命令的口气。

张先生的这种做法,使得每个人都愿意和他相处,并乐于按他的意愿做事。所以,当我们要说服某个人时,最好也多用建议的口吻。

肖恩是一所职业学校的老师,他有一个学生因故迟到了,肖恩以非常严厉的口吻问道:"你怎么能浪费大家的时间?不知道大家都在等你吗?"

当学生回答时,他又吼道:"你回去吧,既然不想听我的课,以后也不用来了。"

这位学生是错了,不应该不先打个招呼,耽误了其他同学上课。但从那天起,不只这位学生对肖恩的举止感到不满,全班的学生都与他过不去。

他原本完全可以用不同的方式处理这件事,假如他友善地问:"你有什么事情要处理吗?问题解决了吗?"并说,"如果你这样有事情不事先通知,大家的课程也都耽误了。"这位学生一定很乐意接受,而且其他的同学也不会那么生气了。

所以,要说服他人最好别用命令的口吻,不然,不但达不到你想要的说服效果,还可能使事情越弄越糟。多使用建议的口吻,通过这种方法,人们便会很愿意改正他们的错误,而且维护了对方的自尊,使他们认为自己很重要，并配合你的工作，而不是反抗你。

巧妙提问，让对方只能答"是"

在说服他人赞同自己的过程中，巧妙提问也是实现目的的一种重要手段。卡耐基就曾经举了一个有趣的例子。

假设有两人在一间屋子里。你站在或坐在房间的里端，而他在房间的外端。你希望他从房间的外端走到房间的里端。

不妨来做这个游戏。在游戏中，你问他问题。每次你问他一个问题，如果他答"是"，他就向房间的里端迈进一步。如果每次你问问题，而他回答"不是"，他就向外端退一步。

如果你想让他从房间的外端走到房间的里端，你最好的策略是不断地问他一系列他只能回答"是"的问题。你必须避免提出可能导致他回答"不是"的问题。

通过使用"只能回答'是'"的问题，你就可以轻而易举地做到这一点。一些封闭性问题，人们对它们的回答99.9%是肯定的。你让某人越多地对你说"是"，这个人就越可能习惯性地顺从你的要求。

比如，回想一位你经常同意其意见的朋友，你往往已经习惯于做肯定的表示。因此当这个人想劝说你做某事时，即使他还没有完全讲完他的请求，你往往已经决定这么去做。

你肯定也认识你通常不同意其意见的人。此人的特点是经常听到你说"不"。当这个人开始要求你做某事时，你就会同多数人一样，在他还没有讲完他的请求之前，你就已经在琢磨用什么理由来说"不"，以便拒绝他的请求。

这些相近的倾向说明，让你想说服的人形成对你说"是"的习惯是多么的重要。反过来也是如此。如果一个人已经习惯性地对你说"不"，不同意你的看法，你想成功地说服他的可能性几乎为零。

提出"只能回答'是'"的问题有个好办法，就是问你知道那个人会做肯定回答的事情。如果你愿意的话，你可以在问话里加上以下词语，如：

"是这样吧？"

"对吧？"

"你会同意吧？"

一位推销员问一位可能的买主："你想买这件设备的关键是其费用，是吧？"价格无疑是关键的。因此，这样的问题肯定会带来"是"的回答。或许就这样开始了让可能的买主对推销员养成做肯定回答的习惯。

换句话说，这位推销员可以问一位可能的顾客："设备的价格对你来说很重要吧？"这也是一个封闭型"只能回答'是'"的问题。对这样一个问题，几乎人人都会回答"是"。

当一位雇员想提醒同伴开始进行一个项目时，这位雇员可能提出这样"只能回答'是'"的问题，"我们需要尽快完成这个项目，是

吧?"这里，一个明确的声明"我们需要尽快完成这个项目"跟着一个
"只能回答'是'"的问题"是吧?"它要求得到一个"是"的回答。

这种"只能回答'是'"的问题已被反复证明是非常有用的。

让对方觉得那是他的主意

你是否对自己的想法比别人给你提供的想法更有信心？如果是
的，那你为何要将自己的意见强加于人呢？因为如果你的意见确实正
确，事实终会证明这一点；如果你的意见不对，你非得强加于人，别
人要么不大愿意接受；要么接受后对自己产生不利的后果，那你的意
见不成了一种罪过吗？所以我们何不采取一种更好的策略：只向他人
提供自己的看法，而由他最后得出结论!

没有人喜欢被迫购买或遵照命令行事。如果你想赢得他人的合
作，就要征询他的愿望、需要及想法，让他觉得是出于自愿。

费城的亚道夫·塞兹先生，突然发现他必须给一群沮丧、散漫的
汽车推销员灌输热忱。他召开了一次销售会议，要求这些推销员，把
他们希望从他身上得到的个性都告诉他。在他们说出来的同时，他把
他们的想法写在黑板上。然后，他说："我会把你们要求我的这些个
性，全部给你们。现在，我要你们告诉我，我有什么权利从你们那儿
得到东西。"回答来得既快又迅速：忠实、诚实、进取、乐观、团结，

每天热情地工作 8 小时。有一个人甚至自愿每天工作 14 个小时。会议之后，销售量上升得十分可观。

塞兹先生说："只要我遵守我的条约，他们也就决定遵守他们的。向他们探询他们的希望和愿望，就等于给他们的手臂打了他们最需要的一针。"

同样，美国陆军上校爱德华·荷斯的例子，用在此处，也是很好的证明。

陆军上校爱德华·荷斯，曾在威尔逊总统时期，在许多重要事件上发挥相当的影响力。威尔逊十分倚重荷斯的见解，其重要性有时比其他阁员更有过之而无不及。

荷斯是用什么方法去影响威尔逊总统呢？他后来曾透露过这个秘密，那是经由亚瑟·史密斯在《星期六邮报》上发表出来的：

"'我比较了解总统的脾气个性之后，就比较知道该如何改变他的想法。'荷斯说道：'要想改变威尔逊总统的观念，最好是在无意间把一个观念深植在他脑海里。当然，这不但要先引起他的兴趣，而且要不违背他的利益。我也是在无意间发现这个方法。因为有一次我在白宫同他讨论一个政策，他本来相当反对我的看法，但几天之后，在一个晚宴上，他却向别人提出我的意见，只是那时已变成他的看法。'"

荷斯是个聪明人，不在乎由谁来表达那个意见。荷斯要的是结果，所以，他让威尔逊觉得那是他自己的看法，连众人也觉得如此。

让我们再次记住：我们所碰到的许多人，都具有像威尔逊一样的人性。所以，让我们也采用荷斯上校的做法吧！

一次，卡耐基正计划前往加拿大的纽布伦克省去钓鱼划船，便写信给观光局索取资料。一时间，大量信件和印刷品向他寄来，不知该如何选择。后来，加拿大有个聪明的营地主人寄来一封信，内附许多姓名和电话号码，都是曾经去过他们营地的纽约人。并希望卡耐基打电话询问这些人，便可详细明了他们营地所提供的服务。

卡耐基在名单上发现了一个朋友的名字，便打电话给那位朋友，询问种种事宜。最后，又打了个电话通知营地主人他到达的日期。

卡耐基说："有许多人想尽办法向我推销他们的服务，但有一个却让我推销了我自己。那个营地主人赢了。"

确实如此，没有人喜欢他是被强迫购买或遵照命令行事。我们宁愿出于自愿购买东西，或是按照我们自己的想法来做事。我们很高兴有人来探询我们的愿望、我们的需要以及我们的想法。

众所周知，西奥多·罗斯福在担任纽约州长的时候，他一方面和政治领袖们保持良好的关系；另一方面又强迫他们进行一些他们十分不高兴的改革。很多人都不解，他究竟是怎么做到的呢？看完下面的内容，相信你会找到答案的。

当某一个重要职位空缺时，他就邀请所有的政治领袖推荐接任人选。"起初，"罗斯福说，"他们也许会提议一个很差劲的党棍，就是那种需要'照顾'的人。我就告诉他们，任命这样一个人不是好政策，大家也不会赞成。"

"然后他们又把另一个党棍的名字提供给我，这一次是个老公务员，他只求一切平安，少有建树。我告诉他们，这个人无法达到大众的期望。接着我又请求他们，看看他们是否能找到一个显然很适合这一职位的人选。他们第三次建议的人选，差不多可以，但还不太好。接着，我谢谢他们，请求他们再试一次，而他们第四次所推举的人就可以接受了，于是他们就提名一个我自己也会挑选的最佳人选。我对他们的协助表示感激，接着就任命那个人，还把这项任命归功于他们。"

记住，罗斯福尽可能地向其他人请教，他让那些政治领袖们觉得，他们选出了适当的人选，完全是他们自己的主意。无独有偶，发生在皮尔医师身上的一个例子也正好说明了这一点。

皮尔医师在纽约布鲁克林区的一家大医院工作，医院需要新添一套 X 光设备，许多厂商听到这一消息，纷纷前来介绍自己的产品，负责 X 光部门的皮尔医师因而不胜其扰。

但是，有一家制造厂商则采用了一种很高明的技巧。他们写来一封信，内容如下：

我们的工厂最近完成了一套新型的 X 光设备。这批机器的第一部分刚刚运到我们的办公室来。它们并非十全十美，你知道，我们想改进它们。因此，如果你能抽空来看看它们并提出你的宝贵意见，使它们能改进得对你们这一行业有更多的帮助，那我们将深为感激。我知道你十分忙碌，我会在你指定的任何时候，派我的车子去接你。

"接到信真使我感到惊讶。"皮尔医师说道，"以前从没有厂商询问过他人的意见，所以这封信让我感到了自己的重要性。那一星期，我每晚都忙得很，但还是取消了一个约会，腾出时间去看了看那套设备，最后我发现，我愈研究就愈喜欢那套机器了。没有人向我兜售，而是我自己向医院建议买下那整套设备。"

被尊为圣人的老子曾说过：江海所以能为百谷王者，以其善下，故能为百谷王。是以欲上民，必以言下之；欲先民，必以身后之。是以圣人处上而民不重，处前而民不害。

所以，如果你要说服别人，你应该遵守说服的又一大原则：让别人觉得那是他们的主意。

第六章

打圆场化尴尬，

不费力气送人情

心领神会，替别人遮掩难言之隐

生活中，我们经常会遇到这样一些人，他们有一些难以启齿的想法，或者是为自己做了一件不光彩的事情而悔恨，或者是因为寻求帮助而不得，这个时候，你就要做一个善解人意的人，看透了他人的这些想法，也不要说出来，或者以一种很巧妙的方式帮他们遮掩过去也不枉是一种明智之举。

郑武公的夫人武姜生有两个儿子，长子是难产而生，取名为寤生，相貌丑陋，武姜心中深为厌恶；次子名叫段，成人后气宇轩昂，仪表堂堂，武姜十分疼爱。武公在世时武姜多次劝他废长立幼，立段为太子，武公怕引起内乱，就是不答应。

郑武公死后，寤生继位为国君，是为郑庄公。封弟段于京邑，国中称为太叔段。这个太叔段在母亲的怂恿下，竟然率兵叛乱，想夺位。但很快被老谋深算的庄公击败，逃奔共国。

庄公把合谋叛乱的生身母亲武姜押送到一个名叫城颍的地方囚禁了起来，并发誓说："不到黄泉，母子永不相见！"意思就是要囚禁他母亲一辈子。

　　一年之后，郑庄公渐生悔意，感觉自己待母亲未免太残酷了点儿，但又碍于誓言，难以改口。这时有一个名叫颍考叔的官员摸透了庄公的心思，便带了一些野味以贡献为名晋见庄公。

　　庄公赐其共进午餐，他有意把肉都留了下来，说是要带回去孝敬自己的母亲："小人之母，常吃小人做的饭菜，但从来没有尝过国君桌上的饭菜，小人要把这些肉食带回去，让她老人家高兴高兴。"

　　庄公听后长叹一声，道："你有母亲可以孝敬，寡人虽贵为一国之君，却偏偏难尽一份孝心！"颍考叔明知故问："主公何出此言？"庄公便原原本本地将发生的事情讲了一遍，并说自己常常思念母亲，但碍于有誓言在先，无法改变。

　　颍考叔哈哈一笑说："这有什么难处呢！只要掘地见水，在地道中相会，不就是誓言中所说的黄泉见母吗？"庄公大喜，便掘地见水，与母亲相会于地道之中。母子两人皆喜极而泣，即兴高歌，儿子唱道："大隧之中，其乐也融融！"母亲相和道："大隧之外，其乐也泄泄！"颍考叔因为善于领会庄公的意图，被郑庄公封为大夫。

　　每个人都有难言之隐，包括平时那些高高在上的人。这时，作为一个旁观者要善于心领神会，替人遮掩难言之隐。这也不失为一种高明的做人之道。

发生冲突时学会给人余地

在与人发生冲突时不说绝话，能体现一个人宽容大度的高尚品格。在正常情况下，人们的度量大小是很难表现出来的。而当与别人发生了冲突，使你难以容忍的时候，能否容人，就能表现得一清二楚了。这时只有那些思想品格高尚的人，才会保持头脑清醒，做出宽容的姿态，不把话说绝，避免两颗本已受伤的心再受到进一步的伤害。

事实上，发生冲突后，双方肯定谁心里都不痛快，很容易失态，口出恶言，把话说绝了。这样的痛快只能是一时的，受伤害的是双方长远的关系和自己的声誉。所以，即使有了再大的矛盾，我们也应该把握住一点，就是不把话说绝，给对方，也给自己一个台阶下。

一位顾客在商场里买了一件外衣之后，要求退货。衣服她已经穿过一次并且洗过，可她坚持说"绝对没穿过"，要求退货。

售货员检查了外衣，发现有明显的干洗过的痕迹。但是，直截了当地向顾客说明这一点，顾客是绝不会轻易承认的，因为她已经说过"绝对没穿过"，而且精心地伪装过。于是，售货员说："我很想知道是否你们家的某个人把这件衣服错送到干洗店去过，我记得不久前在我身上也发生过同样的事情。我把一件刚买的衣服和其他衣服堆在一块，结果我丈夫没注意，把这件新衣服和一堆脏衣服一股脑地塞进了洗衣机。我觉得可能你也会遇到这种事情，因为这件衣服的确看得出洗过的痕迹。您不信的话，咱们可以跟其他衣服比一比。"

顾客心虚，知道无可辩驳，而售货员又为她的错误准备了借口，给了她一个台阶下。于是，她顺水推舟，乖乖地收起衣服走了。

有的人会说："发生矛盾，我就打算和他绝交了，把话说绝了又怎么样？"真是这样吗？要知道，暂时分手并不等于绝交。友好分手还会为日后可能出现的和好埋下伏笔。有时朋友间分手绝交并非是彼此感情的彻底决裂，而是因一时误会造成的。如果大家采取友好分手的方式，不把话说绝，那么，有朝一日误会解除了，很可能重归于好，使友谊的种子重新绽放出绚丽的花朵。在这方面不乏其例。

17 世纪初，丹麦天文学家弟谷·布拉赫和德国的天文学家开普勒共同研究天文学，两个人建立了亲密的友谊。后来，由于开普勒受妻子的教唆，丢下研究课题，离开了弟谷。然而弟谷并没有因此而指责开普勒，还宽大为怀，写信解释。不久，开普勒终于明白自己误听了谗言，十分惭愧，写信向弟谷道歉，并回到已病重的弟谷身边。两个人言归于好，再度合作，终于出版了《鲁道夫星表》，使他们的名字得以载入科学史册。

从这个事例可以看出，他们之所以能恢复友谊并共同做出成就，是与当时采取友好分手方式有直接关系的。所以说，不把话说绝实在是一种交际美德，值得提倡。

有的人不明白这个道理，他们一和别人发生冲突就取下策而用之，谩骂指责，与人反目为仇，把话说得很绝以解心头之恨。这样做痛快倒是痛快，但他们没有想到，在把别人骂得狗血喷头的同时，也就暴露了自己人格上的缺陷。人们会从这样的情景中看到，他对别人居然如此刻薄，如此不留情面，翻脸不认人，从而会离他远远的，以免惹"祸"上身。

遭遇尴尬，要给他人台阶下

在别人遭遇窘境的时候，交际高手不但会尽量避免因自己的不慎而使别人下不了台，而且还会在对方可能不好下台时，巧妙及时地为其提供一个"台阶"。这是因为他们在帮助别人"下台"时，掌握了恰当的方法。

1. 顺势而为送台阶

依据当时当场的势态，对对方的尴尬之举加以巧妙解释，使原本只有消极意味的事件转而具有积极的含义。

全校语文老师来听王老师讲课，校长也亲临指导。课上，王老师重点讲解了词的感情色彩问题。在提问了两位同学取得良好效果后，接着提问校长的儿子："请你说出一个形容×××的美丽的词或句子。"

或许是课堂气氛紧张，或许是严父在场，也可能兼而有之，校长的儿子一时语塞，只是站着。

空气凝固。校长的脸上现出了尴尬的脸色。王老师便随机应变地讲道："好，请你坐下，同学们，这位同学的答案是最完美的，他的意思是说这个人的美丽是无法用文字和语言来形容的。"听课者都发出了会心的微笑。

这一妙解为校长儿子尴尬的"呆立"赋予了积极的意义，使他顺利下了台阶，而王老师本人和校长也自然摆脱了难堪。

2. 挥洒感情造台阶

故意以严肃的态度面对对方的尴尬举动，消除其中的可笑意味，缓解对方的紧张心理。

第二次世界大战时，一位德高望重的英国将军举办了一场祝捷酒会。除上层人士之外，将军还特意邀请了一批作战勇敢的士兵，酒会自然是热烈隆重的。谁想一位从乡下入伍的士兵不懂酒席上的一些规矩，捧着面前的一碗供洗手用的水喝了，顿时引来达官贵人、夫人、小姐的一片讥笑声。那士兵一下子面红耳赤，无地自容。此时，将军慢慢地站起来，端起自己面前的那碗洗手水，面向全场贵宾，充满激情地说道："我提议，为我们这些英勇杀敌、拼死为国的士兵们干了这一碗。"言罢，一饮而尽，全场为之肃然，少顷，人人均仰脖而干。此时，士兵们已是泪流满面。

在这个故事里，将军为了帮助自己的士兵摆脱窘境，恢复酒会的气氛，采用了将可笑事件严肃化的办法，不但不讥笑士兵的尴尬举动，而且将该举动定性为向杀敌英雄致敬的严肃行为。乡下士兵不但尴尬一扫而尽，而且获得了莫大的荣誉，成为在场的焦点人物。

总之，人人都有下不来台的时候。学会给人台阶下，既可以缓解紧张难堪的气氛，使事情得以正常进行，又能够帮助尴尬者挽回尊严，增进彼此的关系。要达到这样的目的，我们应学会使用以上技巧。

打圆场要让双方都满意

　　在别人发生矛盾争论的时候，夹在中间是比较尴尬的。作为争论的局外人，我们应当善于打圆场，让矛盾得到及时化解。但是在打圆场的时候，一定要注意一个问题，就是要不偏不倚，让双方都认为你没有偏向，都表示满意。否则，只能是火上浇油，还不如不说。

　　一名中年男子在一个生意红火的面摊等了半天才有了位置，要了一份自己常吃的面。一会儿面端了上来，男子想先尝一口汤，可能汤的味道刺激了他的呼吸道，随着"啊嚏"一声，他的唾液和着面汤喷在了对面一位顾客身上和面碗里。

　　那位顾客愣了一下才反应过来，"刷"地站起来吼道："你怎么乱打喷嚏！"

　　中年男子也被自己的不雅之举惊呆了，赔过礼后缓过神来，对老板脱口而出一个建议："我告诉你不要辣椒的，你的面里怎么会有辣椒味道？你赔我的面钱，我赔人家的面钱。"

老板问伙计。伙计也很委屈，他明明没有放辣椒的。

结果顾客、老板还有围观群众七嘴八舌，说得不亦乐乎。最后老板感觉这样下去不是个事，就主动打圆场，对着厨房间大手一挥，说："算啦，再下两碗面，钞票全免了，只要大家不翻脸，和气生财嘛！"

两位顾客这才平静下来，都表示可以接受。从此他们和老板之间成了好朋友。

可见，适时地打圆场，作用可真的是非同一般。

清末的陈树屏口才极好，善解纷争。他在江夏当知县时，张之洞在湖北任督抚，谭继询任抚军，张谭两人素来不和。

一天，陈树屏宴请张之洞、谭继询等人。当座中谈到长江江面宽窄时，谭继询说江面宽是五里三分，张之洞却说江面宽是七里三分。双方争得面红耳赤，本来轻松的宴会一下子变得异常尴尬。

陈树屏知道两位上司是借题发挥，故意争闹。为了不使宴会大煞风景，更为了不得罪两位上司，他说："江面水涨就宽到七里三分，而落潮时便是五里三分。张督抚是指涨潮而言，而谭抚军是指落潮而言，两位大人都说得对。"

陈树屏巧妙地将江宽分解为两种情况，一宽一窄，让张谭两人的观点在各自的方面都显得正确。张谭两人听了下属这么高明的圆场话，也不好意思争下去了。

有时候，争执双方的观点明显不一致，而且也不能"和稀泥"。这时，如果你能把双方的分歧点分解为事物的两个方面，让分歧在各自的方面都显得正确，这必定是一个上乘的好办法。

某学校举办教职员工文艺比赛，教师和员工分成两组，根据所造的道具自行编排和表演节目，然后进行评比。表演结束后，没等主持人发话，坐在下面的人就已经分成两派，教师说教师的好，员工说员工的好，各不相让。

眼看活动要陷入僵局，主持人灵机一动，对大家说："到底哪个组能夺第一，我看应该具体情况具体分析。教师组富有创意，激情四溢，应该得创作奖；员工组富有朝气，精神饱满，应该得表演奖。"随后宣布两个组都获得了第一名。

这位主持人心里明白，文艺比赛的目的不在于决出胜负，而在于丰富大家的娱乐生活，加强教职员工的交流，如果为了名次而闹翻，实在得不偿失。于是，在双方出现矛盾的时候，主持人没有参与评论孰优孰劣，而是强调双方的特色并分别予以肯定。最后提出解决争议的建议，问题自然就解决了。

在与人交往的过程中，有些场合下，双方因为彼此不同意对方的观点而争执不休时，作为圆场的人就应该理解双方的心情，找出各方的差异并对各自的优势都予以肯定，这在一定程度上能满足双方自我实现的心理。这时再提出建议，双方就容易接受了。

诙谐地对待他人的错，也让自己过得去

不知道你是否发现，大度诙谐更多时候比横眉冷对更有助于问题的解决，对他人的小过以诙谐的方法对待，实际上就是一种糊涂处世的态度。

20 世纪 50 年代，有些商家知道于右任是著名的书法家，于是他们纷纷在自己的公司、店铺、饭店门口挂起了署名于右任的招牌，以示招徕。其中确为于右任所题的极少，半真半假的居多，完全假的也时有所见。

一天，于右任的一个学生急匆匆地来见老师，说："老师，我今天中午去一家平时常去的羊肉泡馍馆吃饭，想不到他们居然也挂起了以您的名义题写的招牌。青天白日，明目张胆地欺世盗名，您老说可气不可气！"正在练习书法的于右任"哦"了一声，放下毛笔然后缓缓地问："他们这块招牌上的字写得好不好？"

"好个啥子哟！"学生叫苦道，"也不知道他们在哪儿找了个书生写的，字写得歪歪斜斜，难看死了。下面还签上老师您的大名，连我看着都觉得害臊！"

"这可不行！"于右任沉思道。

"我去把那幅字摘下来！"学生说完，转身要走，但被于右任喊住了。

"慢着，你等等。"

于右任顺手从书案旁拿过一张宣纸，拎起毛笔，刷刷刷在纸上写下些什么，然后交给恭候在一旁的学生，说："你去把这幅字交给店老板。"

学生接过宣纸一看，不由得呆住了。只见纸上写着笔墨流畅、龙飞凤舞的几个大字，"羊肉泡馍馆"，落款处则是"于右任题"几个小字，并盖了一方私章。整个书法，可称漂亮之至。

"老师，您这……"此学生大惑不解。

"哈哈。"于右任抚着长髯笑道，"你刚才不是说，那块假招牌的字实在是惨不忍睹吗？我不能砸了自己的招牌，坏了自己的名声！所以，帮忙帮到底，还是麻烦你跑一趟，把那块假的给换下来，如何？"

"啊，我明白了，学生遵命。"转怒为喜的学生拿着于右任的题字匆匆去了。这样，这家羊肉泡馍馆的店主竟以一块假招牌换来了大书法家于右任的真墨宝，喜出望外之余，未免有惭愧之意。

面对矛盾，一般最直接的做法就是用强去争，争来争去，互不相让，结果就那么妙了。实际上，在聪明人看来，低头不单是缓和矛盾，也能化解矛盾，强争只有在极端的情况下才能解决矛盾，而在多数情况下只能激化矛盾。在很多事情上，糊涂一点，包容一些，不但自己过得去，别人也会过得去，产生矛盾的基础不复存在，矛盾自然就化解了。彼此能够相安，岂不更好？

在交际中，我们在争取拥有的同时，也要懂得适时糊涂，适当地包容。有时候看似糊涂的做法，诙谐对待他的错，不仅是让别人过得去，往往也是让自己过得去。

巧妙暗示，远远胜过当面指责

在交际应酬中有很多事，起因复杂，因此办起事来更复杂。许多时候我们清楚，真理是站在自己这一边的，但这并不意味着，有了道理就可以把事办成。

莫比尔是一所大学的老师，他有一个学生因非法停车而堵住了一个学院的入口，他冲进教室，以一种非常凶悍的口吻问道："是谁的车堵住了车道？"当车主回答时，这位老师吼道："你马上给我开走，否则我就把你绑上铁链拖走。"

这位学生是错了，车子不应该停在那儿。但从那一刻起，不止这位学生对莫比尔的举止感到愤怒，全班的学生都尽量地做些事情以造成他的不便，使得他的工作更加不愉快。

莫比尔原本可以用完全不同的方式处理的。假如他友善一点："车道上的车是谁的？"并建议说，"如果把它开走，那别的车就可以进出了。"这位学生一定会很乐意地把它开走，而且他和他的同学也就不会那么生气了。

在做事的过程中，即使自己是对的，别人绝对是错的，我们也会因为让别人丢脸而毁了一切。一生具有传奇色彩的法国飞行先锋和作家安托安娜·德·圣苏荷依写过："我没有权利去做或说任何事以贬抑一个人的自尊。重要的并不是我觉得他怎么样，而是他觉得他自己如何。伤害他人的自尊是一种罪行。"

这种巧妙暗示的方法，使人们易于改正他的错误，又保护了人们的自尊，使他自以为很重要，使他希望和你合作把事情办好，而不是反抗或抵触。

英国一家大超市的经理伊尔奇每天都到他的连锁店去巡视一遍。有一次他看见一名顾客站在台前等待，没有一人对她稍加注意。那些售货员呢？他们在柜台远处的另一头挤成一堆，彼此又说又笑。身为经理的他当然对这一情况很不满意，一定要纠正这种不负责任的行为。但伊尔奇并没有直接地指责那些在上班时间闲谈的售货员，他采取了巧妙暗示、保全员工面子的方法处理了这件事。他不说一句话，默默站在柜台后面，亲自招呼那位女顾客，然后把货品交给售货员包装，接着他就走开了。售货员当然看到了这个情况，自责的他们从此以后再也没有发生类似情况。

伊尔奇没有直接指责员工的不负责，而是亲自去为顾客服务，让员工自己意识到自己的失职，间接地纠正了员工的错误。

卡尔·兰福在佛罗里达州奥兰多市当了许多年的市长。他时常告诉他的部属，要让民众来见他，他宣称施行"开门政策"。然而他社区的民众来拜访他时，都被他的秘书和行政官员挡在门外了。

最后，这位市长找到了解决的办法。他把办公室的大门给拆了，他的助手们知道了这件事，也只好接受了。从此之后，这位市长真正做到了"行政公开"。

　　与人交往、相处、合作的时候，如果别人做事的方法不符合你的要求，你不能当面指责，这只会引起对方的反抗，容易把事搞砸。而巧妙地暗示对方注意自己的错误，则可以轻松地把事情处理好。

第七章

破僵局解困局，

三分搭台七分唱戏

不妨将计就计

　　人生在世，难免会在有意、无意之间得罪人，如果对方咽不下这口气，摆明对阵的态势，还容易应付；如果对方什么都不说，导致误会越来越深，就真的叫人伤脑筋了。

　　如果被对方刻意刁难，实在太冤枉了，那么如何攻防就要靠智慧了。

　　如果你应对不当，真的很容易因此中箭落马，摔得灰头土脸。

　　明朝时，有位御史下乡巡察。由于他与巡察地区的某位县令先前曾有过过节，这位县令早就心存报复的念头。眼看机会来了，于是县令便安排一位自己最信任的侍从前去充当御史的临时护卫，以便找机会捣鬼。

　　由于侍从刻意用心服侍御史，没多久便获得了御史相当程度的信任。信任当然会让人疏于防备，也是下手的最好机会。这个时候，县令便指使侍从将御史放在印箧中的官印偷走，准备让御史吃不了兜着走。

　　官印是何等重要的东西，御史发现官印丢失后，相当紧张，怀疑必定与该县令有关系。不过碍于欠缺证据，所以也不能说什么，更不敢大肆张扬把事情搞大，只好假装生病，闷在行馆里苦思对策。

过了几天，恰巧县里一位颇有名气的书生前来探访。由于御史早就耳闻这位书生的才智，所以便请他到房内，关起门来，把官印丢掉的事对他仔细说了一遍，看看他有没有比较好的办法可以帮帮忙。

书生听完之后，便出了一个主意，建议御史在半夜的时候派人偷偷地到厨房去放火。

一旦御史的行馆发生火灾，各级官员们一定都会火速跑来指挥救火。书生和御史趁着一片混乱的时候，将原本装着官印的印箧暂时托付给那位县令保管，说是为了预防官印在慌乱中丢失或遭到焚毁云云。

书生解释说，如果官印真的是那位县令所偷，趁着火灾将空的印箧托付给他，等于是将烫手山芋丢回给他，他绝对没有不将官印归回原位的胆量。因为丢失的责任在他身上，逃都逃不掉。

当天午夜，御史便照着书生的计划上演了一场"火烧御史行馆"的戏。趁着烈火熊熊燃烧之际，御史将保管官印的重责托付给那位县令。等大火扑灭之后，县令归还印箧。御史打开一看，发现官印果真安然地物归原位，一切似乎都印证了书生的设想。

此时此刻，对于那位书生的绝顶聪明，御史不禁又感激又佩服。据说，那位书生就是后来的一代名臣海瑞。

官印丢失，在古代就是杀头之罪。县令显然有致御史于死地的意图，御史吃下这口黄连，不仅有苦说不出，而且天天坐立不安，冷汗直流。还好，借着书生的聪明才智，御史将烫手山芋丢回给县令，在不动声色之间买空卖空，完成了一次无声的绝地大反击。

人与人之间的对立，如果硬碰硬，或许很快就能见胜负，但也有可能两败俱伤，两者之间的耗损必然巨大，甚至没完没了。

如果能够"搭座桥"让对立的双方在意气与利害之间有个回旋的余地，在不动声色之间，创造既斗争又互有台阶可下的空间，或许还能缓解彼此的紧张关系。

而书生将烫手山芋丢回去的手法，放出"我并不是好惹的"信息。软中带硬，对手必然是五味杂陈，不能掉以轻心，任意挑衅了。

"背后鞠躬"，消除对方的敌意

在人际心理学中，有一种被称作"背后鞠躬"的劝说术。让第三者佯作无意地向对方道出你的善意或友好的想法，往往能够让彼此不睦的人际关系来个大转折。

有一次，有人在林肯总统面前搬弄是非，说外交部部长埃德温·斯坦顿曾骂林肯是个该死的傻瓜。谁知，林肯听了以后不但没有生气，反而像闲话家常一般地说："如果斯坦顿说我是个该死的傻瓜，那么我很可能真的是。因为他办事一向都很认真，他说的十有八九都是正确的。"林肯的这番话很快传到了斯坦顿的耳朵里，斯坦顿听到他人转述过来的这番话的时候，感动极了。他在第一时间内跑到林肯面前，向林肯表示了自己崇高的敬意。

林肯正是利用"背后鞠躬"的方法使斯坦顿改变了态度。那么为什么"背后鞠躬"能够取得这样的效果呢？

心理学家认为，与当面表达善意相比，"背后鞠躬"往往能产生更加显著的效果，主要原因有三方面：

（1）人际交往遵循"相悦定律"，即谁喜欢你，你往往就会对谁报以同样的好感。因此，当你向对方"鞠躬"的时候，往往能够换回对方的"鞠躬"。

（2）采用"背后"的方式，能够绕过对方的心理防备区。如果你亲口向对方表达善意，即使你完全是出于真心的，也很有可能被对方怀疑你的目的，进而对你所表达的善意产生排斥，甚至加重心理防备，使得你的善意完全失去效用。相反，如果信息是从第三者口中获得的，对方就不会怀疑其可信程度，因为对方会想："什么好处也捞不着，他没有必要对我说谎。"因此，借由第三者向对方传递善意，能够使你的诚意显得更加真切、可信。

（3）防止对方的负面自我概念产生消极作用。在人际交往中，很有可能，对方对你的敌意是出自于对你的羡慕或者嫉妒。在这种情况下，对方对自己的自我概念持负面态度，即认为自我形象不好，不值得他人喜爱。如果对方有这样一种心理，那么当你向对方说"你很好，我喜欢你"，对方很有可能认为你在消遣他，进而使关系更加恶劣。此外，心理学家还指出，当人具有正面或中性的自我概念时，会对他人的善意报以同样的善意。然而，当人具有负面的自我概念时，"相悦定律"的效果会大大降低。采用第三者转述的方式，就能够穿过对方的这两个消极关卡。因为，他面对的对象是第三者，而他在第三者面前是不会有负面自我概念的。

在生活中，如果对方的敌意不是源于彼此间的利害得失，那么，"背后鞠躬"策略通常能有效化解对方的敌意。总之，如果对方是因为讨厌你才敌对你，又或者是因为嫉妒你才敌视你，那么，借第三者的口传递"喜爱、友善"的信息，告诉对方你"钦佩他、羡慕他、尊敬他"，往往能够给彼此的关系带来转机，有效地化解对方的敌意，其效果定能让你大吃一惊。

巧妙自嘲，消除双方的尴尬，让你赢得更多

卡耐基曾经说过，掌握神奇机智的语言应变技巧，无论是对演讲还是对于谈判来说，都具有重要的作用。而自嘲就是这样一种神奇机智的语言应变技巧。

自嘲，即自我嘲弄，也就是拿自身的缺点、不足或者生理缺陷，甚至失误来开玩笑，对自己的丑处、羞处不仅不予遮掩、躲避，反而将之暴露在高倍显微镜下，然后巧妙地调侃、戏弄和贬损自己。所以，没有豁达、乐观、幽默的心态和胸怀，是无法做到的。

一个真正懂得自嘲的人，是不会事事较真、较劲的。当遇到突发事情，陷入尴尬的境地时，适当的调侃自嘲，不仅能避免尴尬，化解窘境，还能拉近人们彼此的心理距离，让你在人际交往中游刃有余。因为用自己来开玩笑，既使人觉得亲近，又以降低自己为代价，抬高了别人，可以消除嫌隙，获取他人的好感。

　　晋朝时，有一次，大臣满奋陪同晋武帝，坐在靠近北窗的地方。满奋生性怕风，而北窗是用琉璃制成的。虽然琉璃的质地很密，根本不透风，但看起来却是一点儿也不挡风的样子。虽然只是心理作用，但满奋还是很怕被北风吹着了，当着皇帝的面，又不好启口换个座位，显得局促不安。

　　晋武帝看他的神态，知道他是怕风，便告诉他不会透风，没有关系。满奋很不好意思，自嘲说："臣就像南方的水牛，怕热怕惯了，看见月亮也疑心是太阳，不由得喘起粗气。"这便是成语"吴牛喘月"的出处。

　　满奋以水牛比作自己，把自己的过分紧张形容得十分形象，表现了坦诚忠实的品格，因此得到了皇帝的信赖和好感。其实在这里，满奋就是因为很好地运用了自嘲，所以巧妙地化解了窘境，打破了尴尬，还赢得了别人的信赖。

　　自我嘲弄，并非真的把自己贬低的一文不值。把自己的失误和缺点显露出来，是以退为进之计，是一种不较劲的豁达和幽默，是在玩笑自己。在不伤害别人的情况下，逗笑别人，打破僵局，化解了彼此的尴尬和敌意。

春节刚过，又是坐公交的高峰期。小涛在公共汽车站等车时，由于惯性挤了一个中年人一下。正当小涛开口准备说"对不起"时，那位中年人却早已愤怒了："猪年才到，就这么拱，要拱到年头，那还不把这站台拱个大洞啊！"车上的乘客顿时爆发出一阵笑声。

小涛一听，急了："怪，狗年都过了，怎么还乱叫！"这一下，乘客笑得更欢了。

就这样，两人你一言、我一语地不停对骂，纵使乘务员和好心的乘客几次劝说都无济于事。这时，小涛心想再这样骂下去和那中年人非动手不可。于是自嘲道："唉，大哥，到底是你比我多吃了几年盐，过的桥比我走过的路都多，你比我幽默，我认输！"小涛这么一说，那个中年人也很不好意思。各给一个台阶下，一场火药味十足的对骂就这样被化解了。

俗话说，"巴掌不打自嘲人"。在人际交往中，如果双方都得理不饶人，结果必然是两败俱伤。如果一方愿意叫暂停，愿意和平谈判，战争就不会轻易爆发。即使爆发了，在还没有波及更大的危害范围之时，也会被遏制了。

不要事事较劲、较真，将自嘲融入我们生活的点滴之中，让我们的生活多一些轻松和宽容，架起人与人之间的心灵之桥，缩短人们彼此的心理距离。自嘲的转角处往往就是转机。

以低姿态化解别人对你的嫉妒

拿破仑曾经说："有才能往往比没有才能更有危险。人们不可能避免遇到轻蔑，却更难不变成被嫉妒的对象。"真正聪明的人懂得以低姿态为自己筑起一座防止嫉妒的有效堤防，不会让自己惹火上身。

古人云："木秀于林，风必摧之。"就一般中国人而言，总是愿意大家彼此差不多，你好我也好，否则就会"枪打出头鸟"。在日常工作中，因为有特殊才能或特殊贡献而冒尖的人，往往容易成为关注的对象，会承受多重压力。莎士比亚曾经说过："妒妇的长舌比疯狗的牙齿更毒。"如果我们不能有效地化解别人对自己的嫉妒，很可能会在不知不觉中失去本该属于自己的天空，所以必要的时候低一下头，给别人的嫉妒心留出点儿空间，是你不得不做出的让步。一旦当你发现别人对你有嫉妒心理时，你可以采取以下几种方法化解：

1. 向对方表露自己的不幸或难言之痛

当一个人获得成功的时候，有人却可能因此感到自己是个失败者，是不幸的。这构成了嫉妒心理产生的基本条件。此时，你若向嫉妒者吐露自己往昔的不幸或目前的窘境，就会缩小双方的差距，并且让对方的注意力从嫉妒中转移出来。同时会使对方感受到你的谦虚，减弱对方因你的成功而产生的恐惧，从而使其心理渐趋平衡。

2. 求助于嫉妒者

一方面，在那些与自己并无重大利害关系的事情上故意退让或认输，以此显示自己也有无能之处；另一方面，在对方擅长的事情上求助于他，以此提高对方的自信心和成就感，并让对方感到你的成功对他并不是一种威胁。

3. 赞扬嫉妒者身上的优点

你的成功使嫉妒者身上的优点和长处黯然失色，于是，一种自卑感便在其内心油然而生，以至于自惭形秽。这是嫉妒心理产生并且恶性发展的又一条件。因此，你适时适度地赞扬嫉妒者身上的优点，就容易使他产生心理上的平衡，感受到"人各有其能，我又何必嫉妒他人呢?"当然，你对嫉妒者的赞扬必须实事求是，态度要真诚。否则，他会觉得你在幸灾乐祸地挖苦自己，结果不但达不到消除其对自己嫉妒的目的，还可能挑起新的战火。

4. 主动出击相互接近法

嫉妒常常产生于相互缺乏帮助，彼此又缺少较深感情的人中间。让嫉妒者投入到人际关系的海洋里，才能钝化自私、狭隘的嫉妒心理，增加容纳他人、理解他人的能力。因此，相互主动接近，多加帮助和协作，增进双方的感情，就会逐渐消除嫉妒。傲慢不逊的大人物是最令人嫉妒的。试想，如果一个大人物能利用自己的优越地位，来维护他的下属的利益，那么他就能筑起一道防止嫉妒的有效堤坝。

5. 让嫉妒者与你分享欢乐

"独乐乐，与人乐乐，孰乐？"

在取得成功和获得荣誉的时候，你不要冷落了大家，更不要居功自傲，自以为是。你可以真诚地邀请大家（其中包括嫉妒你的人）一起来分享你的欢乐和荣誉，这样有助于消除危害彼此关系的紧张空气。当然，如果嫉妒者拒绝你的善意，则不必勉强于他，要顺其自然。总之，"退一步海阔天空"。以低姿态，化解别人对你的嫉妒，不仅是一种灵活，更是一种内涵和宽容。它可以消融人和人之间的壁垒，让你的成就在嫉妒的布景中得到映衬。能引起别人的嫉妒，说明了你的才华；能有效地化解这种嫉妒，则说明了你的聪明和美德。

面对刁难，学会以谬制谬

在与人交往的过程中，我们会遇到这样的情况，对方以蛮横之势，强词夺理，以不正当甚至荒谬的理由来反对我们，阻止我们的行动。这个时候，我们应变的最好方法就是以谬制谬，按照他们的逻辑、理论形成一种说法，去反诘对方。以子之矛，攻子之盾，从而使对方的谬论不攻自破。

从前，有个县官既贪财又狠毒。凡是来打官司的人如果不给钱，他就会把他们打得死去活来。当地有个艺人编了一出戏，叫《没钱就要命》。演出那天，县官也去看戏。他一看演的是他，当时就火冒三丈，没等戏演完，就回到了县衙，命令衙役把这个艺人传来审问。那个艺人听说县官传他，就穿着龙袍大摇大摆地跟着衙役去了。县官一见艺人来到，便把惊堂木一拍，喝道："大胆刁民，见了本官，为何不跪？"

艺人指了指身上的龙袍说："我是皇帝，怎能给你下跪？"

"你在演戏，分明是假的！"

"既然你明明知道演戏是假的，为什么还要把我传来审问？"

县官被问得张口结舌，只好眼睁睁地看着艺人大摇大摆地走出了县衙。

当你处在窘迫中时，必须明辨事理，从实际出发，有什么情况就采取什么行动，对无理挑事之人不得不强悍一点儿。

我们来看一下下面这个案例：

大学生亨利是个很正派的青年，有一次他却碰上了一件很尴尬的事情。这天傍晚，他走进有名的鲨鱼酒家，只见里面宾客云集，有一张桌子旁，只坐着一位年轻貌美的姑娘。亨利仔细打量了一下，从她华丽的衣着和傲慢的态度，判断出她出身豪门，是上流社会的人物。于是他走过去，彬彬有礼地问道："这儿还有人坐吗？""什么，到阿芙达旅馆去？"不料娇小姐竟大声喊起来。亨利有些慌乱，只好稳住神，继续低声解释："不，不，您弄错了。我只是想问，这张桌子上除了您还有其他人吗？""怎么，你说今天夜里就去吗？"娇小姐的叫声更尖厉了，而且显露出一种受侮辱的激动。

亨利明白了，这绝不是小姐的听觉出了毛病，这显然是她预谋好的举动。她这样喊叫，是要使其他人把亨利当成一个寻花问柳的浪荡子。果然，酒店里的人都转过头来，以愤怒而轻蔑的目光盯住亨利。他被弄得狼狈极了，只好红着脸赶紧到其他桌上找了一个空位子。过了一会儿，娇小姐主动凑到了亨利的桌前，她为亨利叫了杯白兰地，以嘲弄的口吻对亨利说："对不起，刚才我只是想看看您对意外情况的反应。"这回轮到敏捷的亨利大叫了，他说："什么？一个晚上就要一百美元？要价太高了！"想看别人对意外情况反应的娇小姐，这次该自己处理意外情况了。结果她也别无良策，只得在众人鄙夷的目光逼视下，灰溜溜地逃出了酒店。

亨利略施小技，使她在众人眼前扮演了一个尴尬的角色，喝下了自己酿造的一杯苦酒。

某人对电信的话费查询台很有意见。因为每当他拨通号码后，电脑都会指引他按这个键那个键，往往查询一次话费需要按上十几二十次，还经常出现"系统繁忙，请稍后再拨"这样无奈的结局。这个人决心报复，好让给自己制造这些麻烦的人，切身体会一下消费者的苦恼。

这日，机会来了，来电显示上提示，正在打进来的这个电话是电信公司人工催交话费的号码。

"您好。我这里是电信话费中心。"

"你好，这里是某某的家。"

"我想通知……"

"现在启动语音转换系统。"这个人没有等对方把话说完，继续用机械的声音说：

"请选择：需要男主人接听，请对话筒喊1；需要女主人接听，请喊2；需要小主人接听，请喊3；需要小狗多多接听，请喊4；如果操作错误，请喊返回。"

话音刚落，这个人就听到话筒那边女子兴奋地叫来同事，纷纷议论："这家电话够先进的。"

"3。"稍后，电话那边传来女话务员怯怯的声音。

"对不起，您选择的小主人还没来到这美丽的人间，所以暂时不能与您交谈，请您留下电话号码，待男主人回来后速回电话给您。"

"啊!?……返回。"

又听了一遍这个人的介绍后，对方选择了"2。"

"对不起，女主人还没有，正在寻找中。如果您是女性，20-25之间，未婚，貌美，肤白，长发。请留下您的电话号码，男主人回来后会很快回电话给您。"

"4。"那边女话务员大喊一声。

"对不起，小狗多多正在梦中啃骨头，暂时不能与你交谈。请你选择1。"这个人有点儿生气。"1。"对方的语气有些无奈。

"欢迎您与男主人交谈。请选择：公务交谈请喊1；私人交谈请喊2；其他，请喊3；如果操作失误，喊返回。"

"3111。"对方显然有些不耐烦了，声音很大。

"对不起，您的操作时间已超时，请返回重拨……"

以其人之道，还治其人之身，虽然有报复的意味，但面对一些故意的刁难，运用这种方法则可以乘机教训对方，有时还会使问题得到解决。所以，该用的时候不妨一用。

及时弥补失言，掌握社交的主动权

人们在生活中，总有说话不当的时候。这个时候，最重要的就是镇定自若，处变不惊，积极寻找补救措施，这也是一种处世的态度。

1976 年 10 月 6 日，在美国福特总统和卡特共同参加的，为总统选举而举办的第二次辩论会上，福特对《纽约日报》记者马克斯·佛朗肯关于波兰问题的质问，做了"波兰并未受苏联控制"的回答，并说"苏联强权控制东欧的事实并不存在"。这一发言在辩论会上属明显的失误，当时立即遭到记者的反驳。但反驳之初佛朗肯的语气还比较委婉，意图给福特以改正的机会。他说："问这一件事我觉得不好意思，但您的意思难道是在肯定苏联没有把东欧划为其附庸国？也就是说，苏联没有凭军事力量压制东欧各国？"

如果福特当时足够明智，就应该承认自己失言并偃旗息鼓。然而他觉得身为一国总统，面对着全国的电视观众认输，绝非善策。于是继续坚持，一错再错，结果为那次即将到手的选举付出了沉重的代

价。刊登这次电视辩论会的所有专栏、社论都纷纷对福特的失误做了报道,他们惊问:

"他是真正的傻瓜呢?还是像只驴子一样的顽固不化?"

卡特也乘机把这个问题再三提出,闹得天翻地覆。

在社会交往中,人们都免不了失言。尽管有各种各样的原因,但失言造成的后果或贻笑大方,或纠纷四起。那么,能不能采取一定的补救措施或者纠正方法,以避免言语失误带来的难堪局面呢?回答是肯定的,比如用及时改口的方法。相比之下,里根就表现得很有策略。

一次,美国总统里根访问巴西。由于旅途疲乏年岁又大,在欢迎宴会上,他脱口说道:

"女士们,先生们!今天,我为能访问玻利维亚而感到非常高兴。"

有人低声提醒他说错了,里根忙改口道:"很抱歉,我们不久前访问过玻利维亚。"

尽管他并未去玻利维亚,但当那些不明就里的人还来不及反应时,他的口误已经淹没在后来的滔滔大论之中了。这种将说错的地点瞬间加以掩饰的方法,在一定程度上避免了当众丢丑,不失为补救的有效手段。只是,这里需要的是发现及时、改口巧妙的语言技巧,否则要想化解难堪也是很困难的。

在较为正式的交际场合发生口误导致失言,这是令每一个人都感到尴尬的事。失言不但能引起误会和不快,还有可能被对方抓住把柄,丧失在交际中的主动地位。其实,失言虽然不可避免,但是也并没有想象中的那么可怕。只要积累经验、掌握技巧，就能够在一定程度上挽回失言所带来的恶劣影响，甚至于产生出乎意料的特殊效果。为了使自己的错误能够及时得以补救，创造良好的人际关系和心境，最重要的是掌握必要的纠错方法。这就是补救失言辞令的应有之义。常用的纠错方法如下：

1. 将错就错

就是在错话说出口之后，能巧妙地将错话继续接下去，最后达到纠错的目的。其高妙之处在于，能够不动声色地改变说话的情境，使听者不由自主地转移原先的思路，不自觉地顺着说者的思维而思考，随着说者的话语而调动情感。

某次婚宴上，来宾济济，争向新人祝福。一位先生激动地说道："走过了恋爱的季节，就步入了婚姻的漫漫旅途。感情的世界时常需要润滑。你们现在就好比是一对旧机器……"其实他本想说"新机器"，却脱口说错，令举座哗然。一对新人不满更是溢于言表，因为他们都各自离异，历尽波折才成眷属，自然以为刚才之语隐含讥讽。那位先生发觉出错，马上镇定下来，略一思索，不慌不忙地补充一句："已过磨合期。"此言一出，举座称妙。这位先生继而又深情地说道："新郎新娘，祝愿你们永远沐浴在爱的春风里。"大厅内掌声雷动，一对新人早已笑若桃花。

这位来宾的将错就错令人叫绝。错话出口，索性顺着错处续接下去，反倒巧妙地改换了语境，使原本尴尬的失语化做了深情的祝福，同时又道出了新人间的情感历程的曲折与相知。

2. 移植法

就是把错话移植到他人头上。如说："这是某些人的观点，我认为正确的说法应该是……"这就把自己已出口的某句错误纠正过来了。对方虽有某种感觉，但是无法认定是你说错了。

3. 引申法

迅速将错误言词引开，避免在错中纠缠。就是接着那句话之后说："然后正确说法应是……"或者说："我刚才那句话还应做如下补充……"这样就可将错话抹掉。

4. 词义别解

即在说错了的字、词上，利用汉语一词多义的特点加以巧妙别解以形成另外一种解释。某位中年女演员穿着一件黑缎子面料制作的旗袍参加一个舞会，人们都对她赞不绝口。只有一位心直口快的姑娘说了句："穿这件旗袍老多了！"刚一出口，便觉失言，她从容地补上一句："真的，大街上穿这样的旗袍的老多了（东北方言，意为特别多），真漂亮！"果然，后边的话使女演员十分高兴。在这里，姑娘聪明机智地把人显得"老多了"的意思用穿这样旗袍的人"老多了"的意思一替补，既挽回了败局，又间接称赞了对方很时髦，可谓匠心巧运。

5. 半句道歉

"犹抱琵琶半遮面"之所以具有美感，是因为被琵琶遮掩的半面不为人所见，反倒给人留下了说不尽的朦胧与含蓄。同样，道歉的话也不必完全说出来，话留半句也会令自己摆脱难堪的窘境。比如，说了错话之后，见到对方不妨用"对不起，我刚才……"或者"真抱歉，我这脾气……"或者"我这人……对不起……"等这样的话，双方都心照不宣，说错者很容易在这种吞吞吐吐的情况下得到谅解。

失言后不可一味地死守自己的堡垒，那样极易导致自己惨败。使用补错法应及时，若时过境迁，再使用以上补错法不仅于事无补，反而会增加别人的反感。必须注意的是，任何补救都要做到天衣无缝，不留痕迹，让人感到补得言之有理，无懈可击。千万不要牵强附会，或矫揉造作，这样反而会弄巧成拙，错上加错。

第八章

四两拨千斤，
打好拒绝式太极拳

拖延、淡化，不伤其自尊地将其拒绝

一般人都不大好意思拒绝别人，但在很多情况下，我们为了避免多余的困扰，对一些不合理或不合自己心意的事有必要拒绝，但怎样既不伤害对方自尊心又能达到拒绝的目的呢？

当对方提出请求后，不必当场拒绝，你可以说："让我再考虑一下，明天答复你。"这样，既使你赢得了考虑如何答复的时间，也会使对方认为你是很认真对待这个请求的。

某单位一名职工找到上级要求调换工种。领导心里明白调不了，但他没有马上回答说"不可能"，而是说："这个问题涉及好几个人，我个人决定不了。我把你的要求带上去，让厂部讨论一下，过几天答复你，好吗？"

这样回答可让对方明白调工种不是件简单的事，这其中存在着两种可能，也使对方思想有所准备，比当场回绝效果要好得多。

一家汽车公司的销售主管在跟一个大买主谈生意时，这位买主突然要求看该汽车公司的成本分析数字，但这些数据是公司的绝密资料，是不能给外人看的。可如果不给这位大买主看，势必会影响两家和气，甚至会失掉这位大买主。这位销售主管并没有说"不，这不可能"之类的话，但他的话中婉转地说出了"不"。"这个……好吧，下次有机会我给你带来吧。"知趣的买主听过后便不会再来纠缠他了。

某位作家接到老朋友打来的电话，邀请他到某大学演讲，作家如此答复这位老朋友："我非常高兴你能想到我，我将查看一下我的日程安排，我会回电话给你的。"

这样，即使作家最后不能到场的话，也有了充裕时间去化解某些可能出现的内疚感，并使老朋友能轻松、自在地接受。

陈涛夫妻俩下岗后，自谋职业，利用政府的优惠贷款开了一家日用品商店，两人起早贪黑把这个商店办得红红火火，收入颇丰，生活自然有了起色。

陈涛的舅舅是个游手好闲的赌棍，经常把钱扔在麻将桌上，这段时间，手气不好又输了，他不服气，还想捞回本钱，又苦于没钱了，就把眼睛瞄准了外甥的店铺。

一日，这位舅舅来到了店里对陈涛说："我最近想买辆摩托车，手头尚缺五千块钱，想在你这借点儿周转，过段时间就还。"——他也知道用模糊语言。

陈涛了解舅舅的嗜好，借给他钱，无疑是肉包子打狗。何况店里用钱也紧，就敷衍着说："好！再过一段时间，等我有钱把银行到期的贷款支付了，就给你，银行的钱可是拖不起的。"

舅舅听外甥这么说，没有办法，知趣地走了。

陈涛不说不借，也不说马上就借，而是说过一段时间，等支付银行贷款后再借。这话含多层意思：一是目前没有，现在不能借；二是我也不富有；三是过一段时间不是确指，到时借不借再说。

舅舅听后已经很明白了，但他并不心生怨恨，因为陈涛并没有说不借给他，只是过一段时间再说而已，给了他希望。

因此，处理事情时，巧妙地一带而过比正面拒绝有效，且不伤和气。

通过暗示，巧妙说"不"

很多时候，我们不得不拒绝别人，但是怎样将这个难说的"不"说出口呢？暗示，是一种不错的选择。

美国出版家赫斯托在旧金山办第一张报纸时，著名漫画大师纳斯特为该报创作了一幅漫画，内容是唤起公众来迫使电车公司在电车前面装上保险栏杆，防止意外伤人。然而，纳斯特的这幅漫画完全是失败之作。发表这幅漫画，有损报纸质量，但不刊这幅画，怎么向纳斯特开口呢？

当天晚上，赫斯托邀请纳斯特共进晚餐，先对这幅漫画大加赞赏，然后一边喝酒，一边唠叨不休地自言自语："唉，这里的电车已经伤了好多孩子，多可怜的孩子，这些电车，这些司机简直不像话……这些司机真像魔鬼，瞪着大眼睛，专门搜索着在街上玩的孩子，一见到孩子们就不顾一切地冲上去……"听到这里，纳斯特从座椅上弹跳起来，大声喊道："我的上帝，赫斯托先生，这才是一幅出色的漫画！我原来寄给你的那幅漫画，请扔入纸篓。"

赫斯托就是通过自言自语的方式，暗示纳斯特的漫画不能发表，让纳斯特欣然地接受了意见。

另外，通过身体动作也可以把自己拒绝的意图传递给对方。当一个人想拒绝对方继续交谈时，可以做转动脖子、用手帕拭眼睛、按太阳穴以及按眉毛下部等漫不经心的小动作。这些动作意味着一种信号：我较为疲劳、身体不适，希望早一点儿停止谈话。显然，这是一种暗示拒绝的方法。此外，微笑的中断、较长时间的沉默、目光旁视等也可表示对谈话不感兴趣、内心为难等心理。

例如，一天，为了配合下午的访问行程，小王想把甲公司的访问在中午以前结束，然后依计划，下午第一个目标要到乙公司拜访。但是，甲公司的科长提出了邀请：

"你看，到中午了，一起吃中午饭吧？"

小王与甲公司这位科长平常交情不错，又是非常重要的客户，不能轻易地拒绝。但是，和这位爱聊天的科长一起吃中午饭，最快也要磨蹭到下午一点才能走。小王怎样才能不伤和气地拒绝呢？

答案就是在对方表示"要不要一起吃饭"之前，小王就不经意地用身体语言表示出匆忙的样子，如说话语速加快或自然地看看表等。但记住：这种时候千万不要提早露出坐立不安的神情，急得让人怀疑你合作的诚心。

巧妙地学会用暗示的方法拒绝别人，让对方明白你在说"不"，不仅能把事情办妥，而且不伤和气。

先说让对方高兴的话题，再过渡到拒绝

对于他人的话，人们总是会表现出情感反应。如果先说让人高兴的话，即使马上接着说些使人生气的话，对方也能以欣然的表情继续听。利用这种方法，可以拒绝不受喜欢的对象。

有一个乐师，被熟人邀请到某夜总会乐队工作。乐师嫌薪水低，打算立即拒绝。但想起以往受过对方照顾，他不便断然拒绝。他心生一计，先说些笑话，然后一本正经地说："如果能使夜总会生意兴隆，即使奉献生命，在下也在所不辞。"

此时夜总会老板自然还是一副笑脸，乐师抓住机会立刻板起面孔说："你觉得什么地方好笑？我知道你笑我。你看扁我，不尊重我，这次协议不用再提，再见！"

这样，乐师假装生气，转身便走。老板却不知该如何待他，虽生悔意，但为时已晚。

因此，面对不喜欢的对象，要出其不意地敲他一下，以便拒绝对方。若缺乏机会，不妨参照上例，制造机会，先使对方兴高采烈，然后趁对方缺乏心理准备，脸上仍在笑嘻嘻时，找到借口及时退出，达到拒绝的目的。

一位名叫金六郎的青年去拜访本田宗一郎，想将一块地产卖给他。

本田宗一郎很认真地听着金六郎的讲话，只是暂时没有发言。

本田宗一郎听完金六郎的陈述后，并没有做出"买"或者"不买"的直接回答，而是在桌子上拿起一些类似纤维的东西给金六郎看，并说："你知道这是什么东西吗？"

"不知道。"金六郎回答。

"这是一种新发现的材料，我想用它来做本田宗一郎汽车的外壳。"本田宗一郎详详细细地向金六郎讲述了一遍。

本田宗一郎共讲了15分钟之多。谈论了这种新型汽车制造材料的来历和好处，又诚诚恳恳地讲了他明年拟采取何种新的计划。这些内容使得金六郎摸不着头脑，但感到十分愉快。在本田宗一郎送走金六郎时，才顺便说了一句，他不想买他的那块地。

如果本田宗一郎一开始就将自己的想法告诉金六郎，金六郎一定会问个究竟，并想方设法劝说本田宗一郎，让他买下这块地。本田宗一郎不直接言明的理由正是如此，他不想与金六郎为此争辩什么。

拒绝对方的提议时，必须采用毫不触及话题具体内容的抽象说法。

日本成功学大师多湖辉说的这个故事发生在 20 世纪 60 年代末的学生运动中。某大学的教室里正在上课时，一群学生运动积极分子闯了进来，使上课的教授手足无措。当着班上学生的面，教授想显示一点儿宽容和善解人意的风度，就决定先听一下学生讲些什么之后再去说服他们。

结果与他的善良想法完全相反，学生们乘势向他提出许许多多的问题，把课堂搅得一团糟，再也上不成课了，并且这之后只要他上课就有激进派的学生出现在课堂上，就这样毫无宁日地持续了一年。

从这一教训中，教授悟到一条法则，即若无意接受对方，最好别想去说服他，对方一开口就应该阻止他："你们这是妨碍教学，赶快从教室里出去，与课堂无关的事，让我们课后再说！"

假如再发生一次同样的事，教授能否应付？就算他显示出了拒绝的态度，学生也会毫不理会地攻击他吧！如果一点儿也不去听学生的质问，一开始就踩住话头，至少不会给对方可乘之机，也不致弄得一年时间都上不好课！

可见，拒绝之前先说点儿与拒绝无关的话，这种欲抑先扬的方式，可以给人心理上一个缓冲和铺垫，不至于让拒绝很直接、僵硬。

艺术地下逐客令，让其自动退门而归

有朋来访，促膝长谈，交流思想，增进友情是生活中的一大乐事，也是人生道路上的一大益事。宋朝著名词人张孝祥在跟友人夜谈后，忍不住发出了"谁知对床语，胜读十年书"的感叹。然而，现实中也会有与此截然相反的情形。下班后吃过饭，你希望静下心来读点儿书或做点儿事，那些不请自来的"好聊"分子又要扰得你心烦意乱了。他唠唠叨叨，没完没了，一再重复你毫无兴趣的话题，还越说越来劲。你勉强敷衍，焦急万分，极想对其下逐客令但又怕伤了感情，故而难以启齿。

但是，若你"舍命陪君子"，就将一事无成，因为你最宝贵的时间，正在白白地被别人占有着。鲁迅先生说："无端地空耗别人的时间，无异于谋财害命。"任何一个珍惜时间的人都不甘任人"谋财害命"。

那要怎样对付这种说起来没完没了的常客呢？最好的对付办法：运用高超的语言技巧，把"逐客令"说得美妙动听，做到两全其美；既不挫伤好话者的自尊心，又使其变得知趣。要将"逐客令"下得有人情味，可以参考以下方法：

1. 以婉代直

用婉言柔语来提醒、暗示滔滔不绝的客人：主人并没有多余的时间跟他闲聊胡扯。与冷酷无情的逐客令相比，这种方法容易被对方接受。

例一："今天晚上我有空，咱们可以好好畅谈一番。不过，从明天开始我就要全力以赴写职评小结，争取这次能评上工程师了。"这句话的含意是请您从明天起就别再打扰我了。

例二："最近我妻子身体不好，吃过晚饭后就想睡觉。咱们是不是说话时轻一点儿？"这句话用商量的口气，却传递着十分明确的信息：你的高谈阔论有碍女主人的休息，还是请你少来光临为妙吧。

2. 以写代说

有些"嘴贫"（北京方言，指爱乱侃）的人对婉转的逐客令可能会意识不到。对这种人，可以用张贴字样的方法代替语言，让人一看就明白。有一位著名的科学家，在自家客厅里的墙上贴上了"闲谈不得超过三分钟"的字样，以提醒来客：主人正在争分夺秒搞科研，请闲聊者自重。看到这张字样，纯属"闲谈"的人，谁还会好意思喋喋不休地说下去呢？

根据具体实际情况，我们可以贴一些诸如"我家孩子即将参加高考，请勿大声喧哗""主人正在自学英语，请客人多加关照"等字样，制造出一种惜时如金的氛围，使爱闲聊者理解和注意。一般，字样是写给所有来客看的，并非针对某一位，所以不会令某位来客有多少难堪。

3. 以热代冷

用热情的语言、周到的招待代替冷若冰霜的表情，使好闲聊者在

"非常热情"的主人面前感到今后不好意思多登门。爱闲聊者一到，你就笑脸相迎，沏好香茗一杯，捧出瓜子、糖果、水果，很有可能把他吓得下次不敢贸然再来。你要用接待贵宾的高规格，他一般也不敢老是以"贵客"自居。

过分热情的实质无异于冷待，这就是生活辩证法。但以热代冷，既不失礼貌，又能达到"逐客"的目的，效果之佳，不言自明。

4. 以攻代守

用主动出击的姿态堵住好闲聊者登门来访之路。先了解对方一般每天几点到你家，然后你不妨在他来访前的一刻钟先"杀"上他家门去。于是，你由主人变成了客人，他则由客人变成了主人。你从而掌握交谈时间的主动权，想何时回家，都由你自己安排了。你杀上门去的次数一多，他就会让你给黏在自己家里，原先每晚必上你家的习惯很快会改变。一段时间后，他很可能不再"重蹈旧辙"。以攻代守，先发制人，是一种特殊形式的逐客令。

5. 以疏代堵

闲聊者用如此无聊的嚼舌消磨时间，原因是他们既无大志又无高雅的兴趣爱好。如果改用疏导之法，使他有计划要完成，有感兴趣的事可做，他就无暇光顾你家了。显然，以疏代堵能从根本上解除闲聊者上门干扰之苦。

那么，我们该怎样进行疏导呢？如果他是青年，你可以激励他："人生一世，多学点儿东西总是好的，有真才实学更能过上好生活，我们可以多学习学习，充实充实自己。"如果他是中老年，可以根据他的具体条件，诱导他培养某种兴趣爱好，或种花，或读书，或练书法，或跳迪斯科。"老张，您的毛笔字可真有功底，如果再上一层楼，完全可以在全县书法大奖赛中获奖！"这话一定会令他欣喜万分，跃跃欲试。一旦有了兴趣爱好，你请他来做客也不一定能请到呢！

利用对方的话来拒绝他

拒绝不一定非要表明自己的意思，许多时候，利用对方的话来拒绝他，是更聪明的选择。只要合理地从对方的话语里引出一个合乎逻辑的相同问题，巧踢"回旋球"，让对方"哑巴吃黄连——有苦说不出"。

小李从旅游局一个朋友那里借了一架照相机，他一边走一边摆弄着，这时刚好小赵迎面走来了。他也知道小赵有个毛病：见了熟人有好玩的东西，非得借去玩几天不可。这次看见了他手中的照相机又非借不可了。尽管小李百般说明情况，小赵依然不肯放过。

小李灵机一动，故作姿态地说："好吧，我可以借给你，不过我要你不要借给别人，你做得到吗？"

小赵一听，正合自己的意思。他连忙说："当然，当然。我一定做到的。"

"绝不失信。"小李还追加一句说。

"绝不失信，失信还能叫作人？"

小李斩钉截铁地说："我也不能失信，因为我也答应过别人，这个照相机绝不外借。"

听到这，小赵也目瞪口呆了，这件事也只有这样算了。

有一大部分人会产生这样的想法，难道我们在现实生活中都非要拒绝别人不可吗？我们在拒绝他人时都要采用这些委婉的方法吗？其实这个问题问得恰到好处。

在现实生活中，关于拒绝他人，我们还要注意以下问题：

第一，在日常生活中，我们就应该真诚地对待朋友和同学，积极地帮助他们。每个人都应该明白一个简单的道理"平时帮人，拒人才不难"，这种方法主要应用于那些的确违背我们意愿的事情。

第二，如果是由于自己能力或客观原因，我们应该坦诚相对，说明自己的实际情况，同时，要积极帮对方想办法。

第三，对于某些情况，直接说"不"的效果更好，特别是对于那些违法乱纪的事情，应持以坚决的态度来拒绝。对于那些可能引起误解的事情，也应该明确自己的态度，否则会"当断不断，反受其乱"。此外，由于拒绝不明可能会影响对方，也影响事情发展方向，也应该直截了当地拒绝它。

第四，即使我们掌握了一些比较好的方法，在一般的拒绝中，我们也应该语气委婉，最好还能面带微笑，这样既达到自己拒绝他人的目的，又消除由于拒绝给对方带来的不快。

顾及对方尊严，让他有面子地被拒绝

自尊之心，人皆有之。因此在拒绝别人时，要顾及对方的尊严。人们一旦投入社交，无论他的地位、职务多高，成就多大，他们无一例外地都关心外界对自己的评价。由于来自外界评价的性质、强度和方式不同，人们会相应地做出不同反应，并对交际过程及其结果产生积极或消极的影响。通常的规律：尊之则悦，不尊则哀。也就是说，当得到肯定的评价时，人们的自尊心理得到满足，便会产生一种成功的情绪体验，表现出欢愉乐观和兴奋激动的心情，进而"投桃报李"，对满足自己自尊欲望的人产生好感和亲近力，采取积极的合作态度，交际随之向成功的方向发展。反之，当人们不受尊重、受到不公正的评价时，便会产生失落感、不满和愤怒情绪，进而出现对抗姿态，使交际陷入危机。

顾及对方的尊严是拒绝别人时必不可少的注意事项，有这样一个例子：

某校在评定职称时，由于高级职称的名额有限，一位年龄较大的教师未能评上。他听说了这一消息后就向一位负责职称评定的副校长打听情况。副校长考虑到工作迟早要做，便和这位老教师促膝交谈：

校长:"哟,老×,什么风把你给吹来了!"

老师:"校长,我想知道这次评高职我有希望吗?"

校长:"老×,先喝杯茶,抽支烟。我们慢慢聊,最近身体怎么样?"

老师:"身体还说得过去。"

校长:"老教师可是我们学校的宝贵财富,年轻教师还要靠你们带呢!"

老师:"作为一名老教师,我会尽力的。可这次评定职称,你看我能否……"

校长:"不管这次评上评不上,我们都要依靠像你这样的老教师。你经验丰富,教学也比较得法,学生反应也挺好。我想,对于一名教师来说,这一点,比什么都重要,你说呢?"

老师:"是啊!"

校长:"这次评职称是第一次进行,历史遗留的问题较多,可僧多粥少,有些教师这次暂时还很难如愿,要等到下一次。这只是个时间问题。相信大家一定能够谅解。但不管怎样,我们会尊重并公正地评价每一位教师,尤其是你们这些辛辛苦苦工作几十年的老教师。"

老教师在告辞时,心里感觉热乎乎的,他知道自己这次评上高职的希望不大,但由于自身得到了别人的尊重,成绩受到了别人的肯定,他能接受那样的结果。用他对校长的话讲:"只要能得到一个公正的评价,即使评不上我也不会有情绪的,请放心。"

这位校长可谓是顾及别人尊严的典范,如果开始他就给这位老教师泼一桶冷水，那么后果就不堪设想了。

在社交场合上，无论是举止或是言语都应尊重他人，即使在拒绝别人的时候也要顾及对方的尊严。也只有这样，才能赢得别人的尊重。

找个人替你说"不"，不伤大家感情

在拒绝他人的诸多妙法中，有一种比较艺术的方法就是推诿法。

所谓推诿法，就是以别人的身份表示拒绝。这种方法看似推卸责任，但却很容易被人理解：既然爱莫能助，也就不便勉强。

有个女孩子是个集邮爱好者，她的几个好朋友也是集邮迷。一天，有个小朋友向她提出要换邮票，她不同意换，但又怕小朋友不高兴，便对小朋友说："我也非常喜欢你的邮票，但我妈不同意我换。"其实她妈妈从没干涉过她换邮票的事，她只不过是以此为借口，但小朋友听她这样一说，也就作罢了。

有时为了拒绝别人，可以含糊其辞地推托："对不起，这件事情我实在不能决定，我必须去问问我的父母。"或者"让我和孩子商量商量，决定了再答复你吧。"

这是拒绝的好办法，假装请出一个"后台老板"，表示能起作用的不是本人，既不伤害朋友的感情，又可以使朋友体谅你的难处。

人处在一个大的社会背景中，互相制约的因素很多，为什么不选择一个盾牌来挡一挡呢？如：有人求你办事，假如你是领导成员之一，你可以说，我们单位是集体领导，像刚才的事，需要大家讨论才能决定。不过，这件事恐怕很难通过，最好还是别抱什么希望，如果你实在要坚持的话，待大家讨论后再说，我个人说了不算数。这就是推托其辞，把矛盾引向了另外的地方，意思是我不是不给你办，而是我决定不了。请托者听到这样的话，一般都要打退堂鼓。

　　一个年轻的物资销售员经常与客户在酒桌上打交道，长此以往，他觉得自己的身体每况愈下，已不能再像以前那样喝太多的酒了。可应酬中又是免不了要喝酒的，怎么办呢？后来他想到一个妙计。每当客户劝他多喝点儿的时候，他便诙谐地说："诸位仁兄还不知道吧，我家里那位可是一个母老虎，我这样酒气熏天地回去，万一她河东狮吼起来，我还不得跪搓衣板啊！"

　　他这么一说，客户觉得他既诚恳又可爱，自然就不再多劝了。

　　所以，如果难以开口的话，不妨采取这里所讲的方法，找一个人"替"你说"不"，这样所有的责任都可以推得一干二净，别人也不会对你有所抱怨。

第九章

礼尚往来，

让人情常在

关键时刻伸手相助

"患难之交才是真朋友"，这话大家都不陌生。人的一生不可能一帆风顺，难免会碰到失利受挫或面临困境的情况，这时候最需要的就是别人的帮助。一旦这个时候你伸手相助，便将让对方记忆一生。

德皇威廉一世在第一次世界大战结束时，众叛亲离。他只好逃到荷兰，许多人对他恨之入骨。这时候，有个小男孩写了一封简短但流露真情的信，表达他对德皇的敬仰。这个小男孩在信中说，不管别人怎么想，他将永远尊敬威廉一世为皇帝。德皇深深地为这封信所感动，于是邀请他到皇宫来。这个男孩接受了邀请，由他母亲带着一同前往，他的母亲后来嫁给了德皇。

人情储蓄，不仅仅是在欢歌笑语中和睦相处，更是要在困难挫折中互相提携。有的人在无忧无虑的日常生活中，还能够和朋友嘻嘻哈哈地相处，一旦朋友遇到困难，遭到了不幸，他们就冷落疏远了朋友，友谊也就烟消云散了。这种只能共欢乐不能同患难的人，不仅是无情的，更是愚蠢的。因为他们的自私，会让自己的人情储蓄为零，会让自己日后的人际关系道路越走越窄。

所以，当朋友遇到了困难的时候，我们应该伸出援助的双手。当朋友生活上艰窘困顿时，要尽自己的能力，解囊相助。对身处困难之中的朋友来说，实际的帮助比甜言蜜语强一百倍，只有设身处地地急朋友所急，想朋友所想，才体现出友谊的可贵，让这份交情细水长流。

当朋友遭遇不幸的时候，如病残、失去亲人、失恋等，我们要用关怀去温暖朋友那冰冷的心，用同情去安抚朋友身上的创伤，用劝慰去平息朋友胸中冲动的岩浆，用理智去拨散朋友眼前绝望的雾障。

当朋友犯了错误的时候，我们应该表示理解并尽可能地给予帮助。一般来说，朋友犯了错误，自己感到羞愧，脸上无光。有些人常担心继续与犯了错误的朋友相交会连累自己，因此而离开这些朋友，其实这种自私的行为很不可取。真正的朋友有福不一定同享，但有难必定上前同担。

当朋友遭到打击、被孤立的时候，我们应该伸出友谊的双手，去鼓励对方，支持对方。如果在朋友遭到歪风邪气打击的时候，我们为了讨好多数人而保持沉默，或者反戈一击，那我们就成了友谊的可耻叛徒。正如巴尔扎克的《赛查·皮罗多盛衰记》中所说的："一个人倒霉至少有这么一点儿好处，可以认清楚谁是真正的朋友。"一个好朋友常常是在逆境中得到的。假如朋友在遭到打击、被孤立的时候，你能够理解他、支持他，坚决同他站在一起，那么他一定会把你视为一生的挚友，会为找到一个真正的朋友感到高兴。更重要的是，将来某一天如果你需要他的帮助，甚至你有难时没有向他求助，他都会心甘情愿地为你两肋插刀。

总之，人情的赢得往往在关键的时刻，即别人处于困顿的时刻。只要你在关键时刻伸手拉他一把，你就获得了他的好感，增进了你们的情谊。

交人交心，人情投资要果断

一个人可以有好几种投资，对于事业的投资，是买股票；对于人缘的投资，是买忠心。买股票所得的资产有限，买忠心所得的资产无限。"纣有人亿万，为亿万心，武王有臣十人，唯一心"。纣之所以败亡，武王之所以兴周，就在于没有这份无形资产。

真正头脑灵活的人，是在自己能力范围之内尽量"给予"的。而受到此种看似不求回报的好意的人，只要稍微有心，绝不会毫无回礼的，他会在能力所及的情形下与你合作。通过此种交流，彼此关系自能愈来愈亲密，愈来愈牢固，终至成为对你很有帮助的人。

在日常生活中遇到意想不到的人或好意，往往带给人意外之喜。这种情形下，心中常常只有感动二字。所以，为了要让对方脑海中对自己留下深刻的印象，一些意想不到的行动是很具效果的。

美国老牌影星寇克·道格拉斯年轻时十分落魄潦倒，没有人认为他会成为明星。但是，有一回寇克搭火车时，与旁边的一位女士攀谈起来，没想到这一聊，聊出了他人生的转折点。没过几天，寇克被邀请到制片厂报到。原来，这位女士是位知名制片人。

人际关系是创造机遇的一种最有效成本，哈佛商学院的一位教授总结说，哈佛为其毕业生提供了两大工具：首先是对全局的综合分析判断能力；其次是哈佛强大的、遍布全球的校友联系，在各国、各行业都能提供宝贵的商业信息和优待。哈佛校友影响之大，实非言语能形容，全校有一种超越科学界限的特殊集体精神。哈佛商学院建院92年来，有超过6万名校友，这些校友多半已是各行业的精英，在团结精神凝聚下，建立了紧密的人际关系。对于后者，几位在中国创业的哈佛MBA体会最深。他们在没有其他背景的情况下，靠的就是哈佛MBA这块金色敲门砖，因为在华尔街，在几大风险投资基金中，对哈佛MBA来说，找到校友，就是找到了信任。

英雄穷困潦倒是常有的事，但只要懂得利用人脉的投资，就能一飞冲天，一鸣惊人。

人是高级的感情动物，注定要在群体中生活，而组成群体的人又处在各种不同的阶层，适当时进行感情投资，有利于在社会上建立一个好人缘，只有人缘好，你的人际交往才能如鱼得水，没人缘的人自然会常常陷入进退两难的境地。

懂得存情的聪明人，平时就很讲究感情投资，讲究人缘，其社会形象是常人不可比的，遇到困难很容易得到别人的支持和帮助。因此，这样的聪明者其交友能力都较一般人占有明显的优势。

赢得好人缘要有长远眼光，要在别人遇到困难时主动帮助，不计回报，"该出手时就出手"，日积月累，留下来的都是人缘。

现代人生活忙忙碌碌，没有时间进行过多的应酬，日子一长，许多原来牢靠的关系就会变得松懈，朋友之间逐渐互相淡漠。这是很可惜的。

就像西德尼·史密斯所说："生命是由众多的友谊支撑起来的，爱和被爱中存在着最大的幸福。"一个人如果孤立无援，那他一生就很难幸福；一个人如果不能处理好人际关系，就犹如在雷区里穿行，举步维艰。"条条大路通罗马"，而八面玲珑的人可以在每条大路上任意驰骋。

交往次数越多，心理距离越近

有心理学家曾做过这样一个试验：

在一所中学选取了一个班的学生作为实验对象。他在黑板上不起眼的角落里写下了一些奇怪的英文单词。这个班的学生每天到校时，都会瞥见那些写在黑板角落里的奇怪的英文单词。这些单词显然不是即将要学的课文中的一部分，但它们已作为班级背景的一部分被接受了。

班上学生没发现这些单词以一种有条理的方式改变着——一些单词只出现过一次，而一些却出现了 25 次之多。期末时，这个班上的学生接到一份问卷，要求对一个单词表的满意度进行评估，列在表中的是曾出现在黑板角落里的所有单词。

统计结果表明：一个单词在黑板上出现得越频繁，它的满意率就越高。心理学家有关单词的研究证明了曝光效应的存在，即某个刺激的重复呈现会增加这个刺激的评估正向性。与"熟悉产生厌恶"的传统观念相反，曝光效应表明某个事物呈现次数越多，人们越可能喜欢它。

在人际交往中，要得到别人的喜欢，就得让别人熟悉你，而熟识程度是与交往次数直接相关的。交往次数越多，心理上的距离越近，越容易产生共同的经验，使彼此了解和建立友谊，由此形成良好的人际关系。例如教师和学生、领导和秘书等，由于工作的需要，交往的次数多，所以较容易建立亲近的人际关系。

由此可见，简单的呈现确实会增加吸引力，彼此接近、常常见面的确是建立良好人际关系的必要条件。

当然，任何事物都是辩证的，不是绝对的，我们应该承认交往的次数和频率对吸引的作用，但是不能过分夸大其对交往的作用。俗话说：距离产生美，任何事情都存在一个度的问题。有些心理学家孤立地把研究重点放在交往的次数上，过分注重交往的形式，而忽略了人们之间交往的内容、交往的性质，这是不恰当的。实际上，交往次数和频率并不能给我们带来预想的结果，有时反而会适得其反。

主动吃亏，让对方不得不还你人情

如今，很多人都认为"无论做什么，尽量别吃亏"。其实，吃亏并非都是坏事。有些时候，糊涂处世，主动吃亏，山不转水转，也许以后还有合作的机会，又走到一起。若一个人处处不肯吃亏，则处处必想占便宜，于是，妄想日生，骄心日盛。而一个人一旦有了骄狂的态势，难免会侵害别人的利益，于是便起纷争，在四面楚歌之中，又焉有不败之理？

"吃亏"也许只是指物质上的损失，但是一个人的幸福与否，却往往是取决于他的心境如何。如果我们用外在的东西，换来了心灵上的平和，那无疑是获得了人生的幸福，这便是值得的。

不少好朋友，抑或事业上的合作伙伴，由于种种原因，后来反目成仇了，双方都搞得很不开心，结果是大打出手。

有这样一个人，他与朋友合伙做生意，几年后一笔生意让他们将所赚的钱又赔了进去，剩下的是一些值不了多少钱的设备。他对朋友说，全归你吧，你想怎么处理就怎么处理。留下这句话后，他就与朋友分手了。显得多有风度，没有相互埋怨，这叫"好合好散"。生意没了，人情还在。他，就是李嘉诚的儿子——李泽楷。

有人问李泽楷："你父亲教了你一些怎样成功赚钱的秘诀吗？"李泽楷说，赚钱的方法他父亲什么也没有教，只教了他一些为人的道理。李嘉诚曾经这样跟李泽楷说，他和别人合作，假如他拿七分合理，八分也可以，那么拿六分就可以了。

李嘉诚的意思是，吃亏可以争取更多人愿意与自己合作。想想看，虽然他只拿了六分，但现在多了一百个合作人，他现在能拿多少个六分？假如拿八分的话，一百个人会变成五个人，结果是亏是赚可想而知。

李嘉诚一生与很多人进行过或长期或短期的合作，分手的时候，他总是愿意自己少分一点儿钱。如果生意做得不理想，他就什么也不要了，愿意吃亏。这是种风度，是种气量，也正是这种风度和气量，才有人乐于与他合作，他也才越做越大。所以李嘉诚的成功更得力于他的恰到好处的处世交友经验。

很多时候，吃亏是一种福，是智者的智慧。不管你是做老板也好，还是做合作伙伴也罢，你主动吃亏，而旁边的人接受了你的"谦让"，他不仅会一心一意与你合作，跟着你干，而且会因为感谢、感激，不断寻找机会还你人情。

曾经有一个砂石老板，没有文化，也没有背景，但生意却出奇的好，而且历经多年，长盛不衰。说起来他的秘诀也很简单，就是与每个合作者分利的时候，他故意只拿小头，把大头让给对方。如此一来，凡是与他合作过一次的人，都愿意与他继续合作，而且还会因为感激介绍一些朋友，再扩大到朋友的朋友，也都成了他的客户。人人都说他好，因为他只拿小头，但所有人的小头集中起来，就成了最大的大头，他才是真正的赢家。

不过，"吃亏是福"不能只当套话来理解，应在关键时候有敢于吃亏的气量，这不仅体现你大度的胸怀，同时也是做大事业的必要素质。把关键时候的亏吃得淋漓尽致，才是真正的赢家。

现实生活中，不要因为吃一点儿亏而斤斤计较，开始时吃点儿亏，实为以后的不吃亏打基础，不计较眼前的得失是为了着眼于更大的目标。那些没有"手腕"的人，都怕便宜了别人，可吃亏的却往往是自己。

人非圣贤，谁都无法抛开七情六欲，但是，要成就大业出人头地，就要学会适度糊涂，就得分清轻重缓急，该舍的就得忍痛割爱，该忍的就得从长计议。正所谓"吃人嘴短，拿人手软"，主动让别人占便宜，你就等于给对方放了一份人情债，那么他对你日后的请求也就不好拒绝了，甚至你无须请求他都会主动来帮助你。

互惠，让他知道这样做对他有利

一位心理学教授做过一个小小的实验：

他在一群素不相识的人中随机抽样，给挑选出来的人寄去了圣诞卡片。虽然他也估计会有一些回音，但却没有想到大部分收到卡片的人，都给他回了一张。而其实他们都不认识他！

给他回赠卡片的人，根本就没有想到过打听一下这个陌生的教授到底是谁。他们收到卡片，自动就回赠了一张。

也许他们想，可能自己忘了这个教授是谁了，或者这个教授有什么原因才给自己寄卡片。不管怎样，自己不能欠人家的情，给人家回寄一张，总是没有错的。

这个实验虽小，却证明了互惠在心理学中的作用。它是人类社会永恒的法则，是各种交易和交往得以存在的基础，我们应该尽量以相同的方式回报他人为我们所做的一切。

如果一个人帮了我们一次忙，我们也应该帮他一次；如果一个人送了我们一件生日礼物，我们也应该记住他的生日，届时也给他买一件礼品；如果一对夫妇邀请我们参加了一个聚会，我们也一定要记得邀请他们到我们的一个聚会上来。

由于互惠的影响，我们感到自己有义务在将来回报我们收到的恩惠、礼物、邀请等。人与人之间的互动，就如坐跷跷板一样，不能永远固定某一端高、另一端低，就是要高低交替，一个永远不肯吃亏、不肯让步、不与别人互惠的人，即使真正赢了，讨到了不少好处，从长远来看，他也一定是输家，因为没有人愿意和他玩下去了。

中国古代讲究礼尚往来，也是互惠的表现。这似乎是人类行为不成文的规则。

一个人向朋友请教一件事，两人聚会吃饭，那么账单就理所当然应由请教人的这个人付，因为他是有求于人的一方。如果他不懂这个道理，反而让对方付，就很不得体。

在不是很熟悉的朋友之间，你求别人办事，如果没有及时地回报，下一次又求人家，就显得不太自然。因为人家会怀疑你是否有回报的意识，是否感激他对你的付出。及时地回报，可以表明自己是知恩图报的人，有利于相互之间继续交往。

而且如果不及时回报，会给你带来一些麻烦。你一直欠着这个情，如果对方突然有一件事反过来求你，而你又觉得不太好办的话，就很难拒绝了。俗话说："受人一饭，听人使唤。"可以说，为了保持一定的自由，你最好不要欠人情债。

当然，在关系很亲密的朋友之间，就不一定要马上回报，那样可能反而显得生疏。但也不等于不回报，只是时间可能拖得长一些，或有了机会再回报。

朋友间维护友谊遵循着互惠定律，爱情之间也是如此。

其实世上没有绝对无私奉献的爱情，不像歌里和诗里表现的那样。爱情也是讲求互惠互利的，双方需要保持一个利益的平衡。如果平衡被严重打破，就可能导致关系破裂。

强者也要装脚痛，更好地处理人际关系

强者有时也要装脚痛，才能更好地处理人际关系。所以，作为强者来说，在某些时候，某些场合假装踢到"铁板"喊脚痛，收剑一下自己的锋芒，也是很有必要的。

张某和李某二人是大学同班同学，二人无话不谈，彼此都没有秘密，因此班上同学说他们二人是"难兄难弟"，而他们二人也以彼此间的友情而自豪，并且相当珍惜。大学毕业后，二人仍然保持联系。几年过后，二人的工作分别换了，也先后结了婚，仍然来往频繁。

后来张某一度落魄，李某则不时给予温情。

过了五六年，张某东山再起，站在一个李某根本无法企及的位置。但自此之后，二人关系淡了，张某找李某，李某总是借故逃避。为什么如此？张某十分纳闷。

张某和李某在校时感情甚好，步入社会时仍能维持一定的关系，原因有两个：一是二人出身背景相近，彼此都感受不到对方的"压力"，因此能融洽相处。如果二人中一为豪门世家，一为寒门子弟，恐怕就不是这个样子。二是初入社会，彼此"成就"差不多，"压力"尚未形成，因此还能维持相处的热情。不过，人是好"比"的，"比"的目的是建立自己在同行中的地位，因此，绝大多数人不会去和不同行业者比，不会去和不同年龄者比，不会去和职业差太多者

比，总是会和同班同学比，和同行比，和同阶层比；能"比"对方"高""好""多"，自己就会有一种自我满足。大学生从学校毕业后，前几年看不出先后，但七八年十多年之后，成就的高下就出现了，所以大学毕业后几年，同学会还办得起来，十年后就不容易办了，因为前几年大家都差不多，十年后成就有了差距，自认没有成就的就不想参加了。

张某和李某的问题也是出在"比"这个字。

本来李某认为他是可以超越张某的，所以他也不吝给予落魄中的张某温情，谁知张某反而在几年后超越了李某，让李某很不是滋味；李某过去的乐观破灭，心理受到了"估算错误"的打击，同时也有了成就比较上的压力，一时无法调适，所以和张某疏远。其实，强者偶尔装装"脚痛"，表现得隐晦一点儿，会让弱者在心理上多少得到一些平衡，双方的关系也就不会陷入僵局。

这种现象包含着嫉妒、羡慕的心理，基本上是属于维护自我尊严的防卫性行为。

所以，当一个人突然在事业上走在同行的前面，第一个影响就是原来的朋友突然少了；不过，这些突然疏远了的朋友也有可能在过一段时间之后和你重新建立关系——反正也比不上你，不如和你保持接触，以便有一个学习的榜样。

女孩子也会有这种情形，而且可能表现得更为直接强烈，例如当某位女孩嫁一位人人羡慕的对象，那么她的"闺中密友"也有可能很快流失，因为她们可能会因落差而产生自卑心理，不愿再直面曾经的闺蜜。

有些时候，如愿意在弱者面前显示你"脆弱"的一面，表现谦卑，会让对方心理平衡一些，至少在处理人际关系这方面不会让你束手无策，面临尴尬的境地。

帮助别人就是在帮助自己，给人好处不要张扬

罗曼·罗兰曾说过："只要还有能力帮助别人，就没有权利袖手旁观。"没错，永远不要吝惜对别人的帮助，在帮助别人的同时，你也正是在帮助你自己，你将从中不断收获幸福和快乐。

有一个盲人，在夜晚走路时手里总是提着一个明亮的灯笼。别人见了觉得非常奇怪，问他："你自己根本看不见，为什么还要打着灯笼走路呢?"盲人回答道："这个道理很简单，这个灯笼当然不是为了给我自己照路，而是为别人提供光明，帮助别人看清道路。也只有这样，别人才能看见我，不会撞到我身上，我的安全才有保证。"

当盲人无私地为他人着想、方便他人时，恰恰帮助了自己，给自己带来了方便。如果每一个人都能够像盲人这样学会帮助别人、关心别人，我们这个世界一定会变得更加美好。

帮助别人就是帮助自己，有时，仅仅只是举手之劳，却解决了

人家的大麻烦、大问题，我们又何乐而不为呢？你也许会说，帮助别人需要耗费你大量的精力、体力，耽误你的时间，但要知道，你的付出，不仅能助他人一臂之力，而且能给对方带来力量和信心，使他们有更大的勇气去战胜困难。特别是当一个人遇到挫折、处于逆境之中时，如果我们能热情相助，那将犹如雪中送炭，别人也定会有"滴水之恩，当涌泉相报"的感激。"危难中见真情"，很多人在受到别人真诚的帮助后，总能以更真诚的感激报答别人，你为他人所做的一切将为你赢得尊重、感激、信任等弥足珍贵的感情。

古往今来，人与人之间的交往实质是一种平等互惠的关系，也就是说，你对别人怎么样，别人就会怎样对你。你帮助我，我就会帮助你，正所谓"投之以桃，报之以李"，一个人只有大方而热情地帮助和关怀他人，他人才会给你帮助。所以你要想得到别人的帮助，你自己首先必须帮助别人。

有些时候，我们在帮助别人的同时，还能收获到意外的利益。

在一场激烈的战斗中，上尉忽然发现一架敌机向阵地俯冲下来。照常理，发现敌机俯冲时要毫不犹豫地卧倒。可上尉并没有立刻卧倒，他发现离他四五米远处有一个小战士还站在那儿。他顾不上多想，一个鱼跃飞身将小战士紧紧地压在了身下。此时一声巨响，飞溅起来的泥土纷纷落在他们的身上。上尉拍拍身上的尘土，回头一看，顿时惊呆了：刚才自己所处的那个位置被炸成了一个大坑。

显而易见，上尉的善意之举不仅救了小战士的性命，而且也意外地让自己免于牺牲之灾。这种帮助，不正是一种双方的共赢吗？

最后，我们帮助别人的时候，还能给自己带来精神上的欢愉和满足，这本身也是一件值得自豪的事。但是我们要懂得照顾他人的心情，悄无声息的帮助他，让他感觉到自己并没有处于困难之中，并不是处于弱者的地位，这样他们才会欣慰地接受你的帮助。

第十章

**酒席宴上无远近，
迎来送往做场面**

宴请"地理学"，选择地点有门道

稍有经验的职场人都知道，一次成功的宴请，不仅要找到合适的理由让对方赴宴，更要选对合适的宴请地点，这样既可以勾起被邀请者的兴致，又可以让大家在愉悦的环境中享受宴请。

与人应酬之前，我们必须好好研究一下这种特定的"地理学"。通常，选择宴请的地点，要根据主人意愿、邀请的对象、活动性质、规模大小及形式、商谈的内容等因素来确定。一场宴会，你所宴请的对象可能不止一个两个，要想让一种宴会环境满足所有与宴者的心理要求是很难的，这就要求我们尽量满足大多数与宴者的客观要求。

为了表示主人对客人的敬重，宴请可选在传统名店或星级饭店，甚至专选四星级、五星级饭店中进行；为了显示主人的热情和主客之间亲密无间的情谊，有的宴请要安排在主人家里。邀请世界财富500强的跨国公司的总裁吃早餐，当然不能安排到街边的早点铺，甚至普通的酒店，甚至五星级酒店的大堂餐厅也不行。一般五星级酒店都有行政楼层，行政楼层都会有单独的餐厅、酒廊或会议室，安排在行政楼层的这些地方，既隐秘又安静，服务也远比在大餐厅里好。

同时，确定宴请地点时还应注意以下问题：

（1）询问客人是否有某些饮食方面的偏好，比如是否属于素食主义者或者爱吃鱼等，事前确保你选择的饭店符合客人的口味。

（2）选择大家都喜欢的地点就餐，重要的是让聚会中的每个人都有宾至如归的感觉。

（3）请熟悉的人去不熟悉的饭店，请不熟悉的人去熟悉的饭店。请熟人可以去以前没去过的饭店尝尝鲜、探探路等；而请不熟悉的和重要的客人要求对整个点菜、服务、质量等了然于胸，最好去熟悉的饭店。

（4）在确定宴请地点时，还要考虑周边环境、卫生、设施和交通状况等问题。

总之，选择应酬的场合是十分重要的，但并非一成不变，只要选择一个双方都适宜的地方，不论是办公室，还是酒楼、茶艺馆，都可以达到应酬的目的。

摸清主角，点菜如同"点秋香"

宴请应酬中，点菜是摆在众人面前一道严峻的选择题。如果菜品安排太少，会怠慢客人；反之安排太多，则会造成浪费，引起他人误解。所以，点菜是一个人饮食文化修养的集中表现，是一项复杂的工作，值得大家探讨。

作为请客者，若时间允许，应等客人到齐之后，将菜单供客人传阅，并请他们来点菜。当然，如果是公务宴请，要控制预算，请客者最重要的是要做好饭前功课，选择合适档次的请客地点非常重要。如果由请客者个人来埋单，客人也不太好意思点菜，都会让请客者来做主。

如果你的上司也在宴席上，千万不要因为尊重他，或是认为他应酬经验丰富，酒席吃得多，而让他来点菜，除非是他主动要求，否则，他会觉得不够体面。

如果你是作为赴宴者出现在宴席上，在点菜时，不应该太过主动，而要让主人来点菜。如果对方盛情要求，你可以点一个不太贵、又不是大家忌口的菜，最好征询一下同桌人的意见，特别是问一下"有没有哪些是不吃的"或是"比较喜欢吃什么"，要让大家有被照顾到的感觉。点菜后，可以请示"我点了菜，不知道是否合几位的口味""要不要再来点其他什么"等。

点菜水平的高低直接影响进餐的心情和氛围，在点菜时一定要心中有数，牢记以下三条原则：

（1）一定要看人员组成，人均一菜是比较通用的原则。如果是男士较多的宴会可适当加量。同时，要看菜看组合。一般来说，一桌菜最好是有荤有素、有冷有热，尽量做到全面。如果桌上男士多，可多点些荤食，如果女士较多，则可多点几道清淡的蔬菜。

（2）若是普通的商务宴请，可以节俭些。如果这次宴请的对象是比较关键的人物，则要点上几个够分量、拿得出手的菜。

（3）点菜前要对价格了解清楚，点菜时不应该再问服务员菜肴的价格，或是讨价还价，这样不仅会让你在对方面前显得有点儿小家子气，而且被请者也会觉得不自在。

中餐宴席菜肴上桌的顺序，各地不完全相同，但一般普遍依循下列六项原则：即先冷盘后热炒；先菜肴后点心；先炒后烧；先咸后甜；先味道清淡鲜美，后味道油腻浓烈；好的菜肴先上，普通的后上，而且，点菜也要遵循这个顺序。

此外，一般来说，入席后主人要先请主要客人点菜，其余的客人也要一一让到。客人往往不好意思点名贵的菜肴，于是，客人点完菜之后，全靠主人布局了。但在参加大型宴会时，菜肴是由主人事先安排好的。

结尾应酬好

俗话说，"编筐编篓，重在收口"。宴会也不例外。宴会虽然结束了，但这并不意味着你就可以完全放松下来了，你还需要做好很多细节性的事情，才能让你的好形象留在宴请对象心里。有很多人就是因为不重视宴会结束时的几个小细节，因此使得自己之前费尽心思保持的好形象瞬间崩溃。

那么，宴会结束时应该注意哪些细节呢？

1. 宴会结束的时间

一般说来，当主人把餐巾放在桌子上或者从餐桌旁站起身来，即表明宴会结束。只有看到这种信号以后，宾客才可以把自己的餐巾放下，站起身来。

正餐之后的酒会的告辞时间按常识而定，如果酒会不是在周末举行，那就意味着告辞时间应在晚间十一时至午夜之间。若是周末，则可晚一些。除非客人是主人的亲密朋友，否则一般都不应在酒会的最后阶段还坐在那里。

2. 离席的先后顺序

当宴会结束，离开餐桌时，不应把座椅拉开就走，而应把椅子再挪回原处。男士应该帮助身边的女士移开座椅，然后再把座椅放回餐桌边。要注意，有些餐厅比较拥挤，贸然起身，或使手提包、衣服等掉落在地上，或是碰到人，打翻茶水、菜肴，失礼又尴尬！离席时让身份高者、年长者和女士先走，贵宾一般是第一位告辞的人。

3. 热情话别

当宾客离去时，宴会主人应像迎接宾客一样地站在门口与他们一一握别。当宾客成群离去时，也应送至门口，挥手互道晚安，并应致意说："非常感谢各位的光临，真谢谢你们把宴会的气氛维持得这样好。"不要以时间过早挽留客人，如果是星期天晚上，你尤其不宜说："现在还早得很，你绝不能这么早走，太不给我面子了！"要知道多数人次晨都要早起。对于迟迟还不离去的客人，他们明显地热爱这气氛，这时你可停止斟酒或停止供糖果瓜子等，以此暗示客人该是离去的时候了。

此外，有的主人为每位出席者备有一份小纪念品。宴会结束时，主人招呼客人带上。不过，除主人特别示意作为纪念品的东西外，各种招待品，包括糖果、水果、香烟等客人都不能拿走。

商务"概念饭"，吃得巧胜于吃得好

商务宴请虽然吃的是"概念饭"，但是用餐的地点和场合的选择是非常重要的，口味、环境、位置等，都是应考虑的要素。宴请时间可根据主办方的实际需要而定，但也应该根据客人的档期妥善安排，同时还应考虑参加人员的风俗习惯。总之，订餐标准的高低，直接影响宴会质量的优劣。

1. 宴请重要客户要讲究档次

重要客户是公司利润的主要来源，更是公司稳定发展的基本保障。对于重要客户来说，东西好不好吃不那么重要，重要的是吃东西的环境和档次一定要高，要讲究排场。因为讲究排场才能说明对客户有足够的诚意和尊重。邀请重要客户吃饭，首选大餐厅或四星级以上的饭店。此类饭店通常环境高雅，装修豪华气派、富丽堂皇。而且，这些地方还有舒适的单间、雅座，保证你与客户的沟通不会受到外界的干扰。

2. 对待老客户要讲究情绪的渲染

一般来讲，跟"朋友"客户吃饭没有那么多的讲究，选择中档餐厅就可以了，但务必要口味地道、环境卫生。同时，毕竟是生意上的合作伙伴，所以，在宴请时仍然要让对方感受到你的诚意。

如果双方关系足够亲密，不妨邀请他到自己家中吃"家宴"，经济实惠，环境也肯定比餐厅要自由放松得多。对于双方来说，"家宴"更能加深了解和友谊，是简单却绝好的选择。

3. 对待未来客户要讲究舒适

如果是对待未来客户，那么一定要讲究舒适。未来客户是生意场上的潜在客户，他们可能今天还不是你的财富来源，但是明天就可能让你赚到钱。

对于潜在客户来说，接触、交往和交流显得更为重要。比如通过商务宴请，让双方放下戒备，敞开心扉。所以，定期宴请未来客户不失为一个好选择。

对于未来客户，尤其是不了解他对你将会有多大价值时，你可能不大愿意为宴请而抛重金，像对待重要客户那样讲究档次和排场。但是，在宴请的安排上也要真诚相待，档次不能过低，或者为了节约而选择环境差、卫生标准低、交通不便的场所。所选餐厅的位置最好有利于客户出行，不太好找的地点最好就不要去了。

对于菜品，可以不太贵，但应力求做到新鲜和独特，比如尝试一下新开的风味餐馆，品尝新推出的菜品，都是经济实惠的选择。

此外，邀请客户共进商务餐，有些注意事项万万不可忽视。

（1）邀请：尽量不要邀请你的爱人，因为他不是所有人都认识，你会整晚都处在他们之间。如果你跟你的爱人并非从事同一个职业，还是不要带他去了。

（2）迎客：如果你先到，那就应该让客户有宾至如归之感。进入酒店要以目光和手势示意客户，请他走在前面，同时可以配合语言提示："刘经理，您先请！"

（3）点菜：客人一般不了解当地酒店的特色，往往不点菜，那么，你可以请服务生介绍本店特色，但切不可耽搁时间太久，过分讲究点菜反而让客户觉得你做事拖泥带水。点菜后，可以询问对方"不知道点的菜合不合您的口味？""有什么不合适的尽管说""您看看还需不需要再来点儿别的"等。如果事前能与酒店打电话联络，提前拟订菜单，那就更周到了。

（4）结账：不要让客户知道用餐的费用，否则也是失礼的。因为无论贵贱，都是主人的心意。

敬酒分主次

宴请别人时，为了表示自己的诚意，就需要向别人敬酒。可敬酒是一门学问，敬对了人家高兴，就愿意和你交朋友。

一般情况下，敬酒应以年龄大小、职位高低、宾主身份为序。我们要遵循先尊后长的原则，按年龄大小、辈分高低分先后次序摆杯斟酒。

另外，在同领导一起喝酒时，最大特点就是秩序，这跟开会一样，职务级别高的自然上座，然后按级别、所在部门依次落座。敬酒的次序仍依座位次序进行。做下属的在敬酒时是机遇与挑战并存，所谓机遇是零距离接触领导，是接近领导的绝好时机；所谓挑战是因为人一喝酒思维和平时就不一样，搞不好也是最容易得罪领导的时候。敬酒前一定要充分考虑好敬酒的顺序，分清主次，即使与不熟悉的人在一起喝酒，也要先打听一下身份或是留意别人如何称呼，这一点心中要有数，避免出现尴尬或伤感情。

敬酒时一定要把握好敬酒的顺序。有求于席上的某位客人，对他自然要倍加恭敬。但是要注意，如果在场有更高的身份的人或年长的人，则不应只对能帮你忙的人毕恭毕敬，要先给尊者、长者敬酒，不然会使大家都很难为情。

与此同时，酒宴是联络和增进感情的重要场所，通过向同级、上级或下级敬酒能够促进双方的情感交流，使彼此的关系更密切、更稳固。一般来说，如果敬酒本身真的能够达到这个目的的话，对方是不会轻易拒绝的。针对这种心理，在敬酒时你可以充满感情地强调一下自己与对方的特殊关系，使敬酒成为两人之间独特的情感交流方式。

再有，祝愿是对未来的美好期望，听到别人真诚的祝愿很容易让人快乐，可以结合被劝对象的实际情况来说一些良好的祝愿。如是生意人，可祝其"生意兴隆通四海，财源茂盛达三江"；若是老人，则可祝其"福如东海长流水，寿比南山不老松"；若是机关干部，则祝其"步步高升"；若是新婚夫妇，则可祝其"早生贵子，百年好合"；若在新年，则更多了，如"新春快乐、万事如意、阖家幸福""祝你一帆风顺，二龙腾飞，三阳开泰，四季平安，五福临门，六六大顺，七星高照，八面来财，九九同心，十全十美，百事亨通，千世吉祥，万事如意"……

简而言之，酒杯对酒杯，心口对心口，滚烫的感情便挡也挡不住，交情也随着酒的醇香而逐渐加深。

把盏不想强欢笑，巧妙拒酒显风流

在举行宴会时，少不了这样一个场面：大家都乘兴举杯而饮。但由于每个人的酒量都有一定限度，如能喝得适量自然是有益无害的。

因此，面对对方的盛情相劝，被劝酒者还需巧妙地拒绝，否则自己就要遭罪了。

庞梅梅是公司的策划部经理，平时和客户打交道很多，许多公司安排的酒宴上都会安排她和市场部经理一起出席，以便和客户进一步沟通策划方案细节。刚开始参加这种酒宴的时候，客户每次敬酒，庞梅梅都不好意思拒绝，被客户灌醉，常常误了正事。市场部经理大为不满，庞梅梅自己也觉得委屈。

庞梅梅把这事向好友抱怨，好友却说她酒量不好就该拒绝，不能逞强，不仅对自己身体不好，还误了正事，出力不讨好。在酒宴久经沙场的好友就教了她几招拒酒法。在后来的酒宴中，庞梅梅就很少出现被灌醉的事情了。

可见，学会巧妙地拒酒，不但使自己免受肠胃之苦，而且不会让对方觉得你不给面子，更不至于伤了和气，坏了事情，真正达到"杯酒也尽欢"的和谐局面。

这里，向大家介绍几种不错的拒酒方式：

1. 提及过度喝酒后果

作为被动者，当酒量喝到一半有余时，应向东道主或劝酒者说明情况。如："感谢你对我的一片盛情，我原本只有三两酒量，今天因喝得格外称心，多贪了几杯，再喝就'不对劲'了，还望你能体谅。"这种实实在在地说明后果和隐患的拒酒术，只要劝酒者明白"乐极生悲"的道理，善解人意者，就会见好就收。

2. 以身体健康为由

喝酒是为了交流情感，也是为了身心的愉悦。如果为了喝酒而喝酒，以至于折腾了身体、损害了健康，这是谁都不愿意看到的。因此，我们可以以身体不舒服或是患有某种忌酒的疾病（如肝脏不好、高血压、心脏病等）为理由拒绝对方的劝酒，这样对方无论如何是不好再强求了。

3. 挑对方劝酒语中的毛病

对方劝我方喝酒，总得找个理由，而这理由有时是靠不住的。特别是一些并不太高明的劝酒者，其劝酒语中往往会有不少漏洞可抓。抓住这些漏洞，分析其中道理，最后证明应该喝酒的不是我方，而是对方，或者是其他人，总之到最后不了了之。只要这漏洞抓得准，分析得又有理有据，那么对方就无话可说，只好放弃了这位难对付的"工作对象"。

4. 以家人不同意为由

一般来说，以爱人的禁止为由拒酒往往容易让对方觉得你在找借口推脱，这是因为他想象不到这个问题对你有多么严重。因此，你必须在拒酒时讲得真实生动，把自己不听"禁令"的后果展示一番，让对方感到让你喝酒真的是等于害了你，那么他也就停止劝酒了。可以说，把理由讲得真实可信是使用此方式拒酒的关键之处。你可以说："我爱人一闻我满口酒气就和我翻脸。我不骗你，所以你如果是真为我着想，那我们就以茶代酒吧？"这样一说，对方也就无话可说了。

学会了以上四个拒术，你也就从此免除了酒精对你身体的深入荼毒，顺利达到"杯酒也尽欢"的境界，完成了一次宾主尽欢的宴会应酬。

酒桌上，会听话更要会说话

酒作为一种交际媒介，在迎宾送客、结婚生子、朋友聚会、传递友情等方面都发挥了独到的作用。在中国，几乎做任何事情都少不了要请客吃饭。

在酒桌上，大家伴随酒精的刺激，很容易情绪高涨畅所欲言。在酒桌上说话时，以下几点必须注意：

1. 说话紧扣宴会主题

一般说来，一个酒宴总有一个中心话题。一旦开始祝酒，要沿着一个中心话题，尽量要让大家都能举起酒杯，最好还要把你所祝愿的那个人或那些人的名字准确无误地、牢牢地记在脑子里。你的主题可以着眼于被祝愿的人的成就或品质、一件事情的重要意义、伙伴们的乐事、个人的成长或集体工作的益处等。

2. 独乐不如共乐，忌窃窃私语

大多数酒宴宾客都较多，所以应尽量多谈论一些大部分人能够参与的话题，得到多数人的认同。由于个人的兴趣爱好、知识面不同，因此话题不要太偏，避免出现唯我独尊，神侃无边的现象，而忽略了众人。特别是尽量不要与人贴耳小声私语，给别人一种神秘感，这样往往会让人产生"就你俩好"的嫉妒心理，影响宴会的效果。

3. 语言诙谐幽默

酒桌上可以显示出一个人的才华、学识、修养和交际风度，有时一句诙谐幽默的语言，会给别人留下很深的印象，使人无形中对你产生好感。但在一些正式场合还是需要有所顾忌，如"客人喝酒就得醉，要不主人多惭愧""喝酒不喝白，感情上不来""量小非君子，无毒不丈夫""人在江湖走，哪能不喝酒""宁可胃上烂个洞，不叫感情裂条缝"等内容，虽然语言诙谐，或许能起到调节宴会气氛的效果，但因为格调不高，还是不用为妙，否则只能让在座人士对你的印象大打折扣。

第十一章

交友要交心，

真诚最感人

深交靠得住的朋友，才能永远借力

法国作家罗曼·罗兰曾说过这样一段话："得一知己，把你整个的生命交托给他，他也把整个的生命交托给你。终于可以休息了：你睡着的时候，他替你守卫；他睡着的时候，你替他守卫。能保护你所疼爱的人，像小孩子一般信赖你的人，岂不快乐！而更快乐的是倾心相许、剖腹相示，把自己整个儿交给朋友支配。等你老了、累了，多年的人生重负使你感到厌倦的时候，你能够在朋友身上再生，恢复你的青春与朝气，用他的眼睛去体会万象更新的世界，用他的感官去抓住瞬息即逝的美景，用他的眼睛去领略人生的壮美……即便是受苦也是和他一块受苦！只要能生死与共，即便是痛苦也成了快乐！"

没错，患难与共的朋友，才是真正的朋友。而真正的朋友是那种当你遇到困难的时候，能够全力相助的人。在你的朋友中，这种朋友绝对是必不可少的。

晋代有一个叫荀巨伯的人，有一次去探望朋友，正逢朋友卧病在床。这时恰好敌军攻破城池，烧杀掳掠，百姓纷纷携妻挈子，四散逃难。朋友劝荀巨伯:"我病得很重,走不动,活不了几天了,你自己赶快逃命去吧!"

荀巨伯却不肯走,他说:"你把我看成什么人了?我远道而来,就是为了看你。现在,敌军进城,你又病着,我怎么能扔下你不管呢?"说着便转身给朋友熬药去了。

朋友百般苦求,叫他快走,荀巨伯却端药倒水安慰说:"你就安心养病吧,不要管我,天塌下来我替你顶着!"

这时"砰"的一声,门被踢开了,几个凶神恶煞般的士兵冲进来,冲着他喝道:"你是什么人?如此大胆,全城人都跑光了,你为什么不跑?"

荀巨伯指着躺在床上的朋友说:"我的朋友病得很重,我不能丢下他独自逃命。"并正气凛然地说:"请你们别惊吓了我的朋友,有事找我好了。即使要我替朋友去死,我也绝不皱眉头!"

敌军一听愣了,听着荀巨伯的慷慨言语,看看荀巨伯的无畏态度,很是感动,说:"想不到这里的人如此高尚,怎么好意思侵害他们呢?走吧!"说完,敌军撤走了。

患难时体现出的情义能产生如此巨大的威力,说来不能不令人惊叹。这种朋友就是能够显示自己本色的人,他能够与你真心交往,与你同甘共苦。他们有着丰富的精神世界,能帮助你不断地进取,成为你终生的骄傲。

这种靠得住的朋友一定要深交,因为他们是你人生中难得的"真金",是你可以珍惜一辈子的挚友。正如纪伯伦曾说过:"和你一同笑过的人,你可能把他忘掉;但是和你一同哭过的人,你却永远不会忘记。"

结交几个"忘年知己",友谊路上多份力

培根就曾这样论述过:"青年的性格如同一匹不羁的野马,藐视既往,目空一切,好走极端,勇于改革而不去估量实际的条件和可能性,结果常常因浮躁而冒险,老年人则比较沉稳。最好的办法是把两者的特点结合起来。"这样,年轻人就可以从老年人身上学到坚定的志向、丰富的经验、深远的谋略和深沉的感情。而且,老年人丰厚的人际关系资源,可以为年轻人提供广泛的门路。

罗曼·罗兰 23 岁时在罗马与 70 岁的梅森堡相识,后来梅森堡在她的一本书中对这段忘年交做了深情的描述:"要知道,在垂暮之年,最大的满足莫过于在青年心灵中发现和你一样向理想、向更高目标的突进,对低级庸俗趣味的蔑视……多亏这位青年的来临,两年来我同他进行最高水平的精神交流,通过这样不断地激励,我又获得了思想的青春和对一切美好事物的强烈兴趣……"

这就是我们常说的"忘年之交"。一方面它是一种心灵相通,另一方面也具有现实的意义。往往老年人非常喜欢与人交往,以获得尊

重，同时，老年人也希望通过帮助别人来获得自我价值的实现。

　　崔明明一人独自来到北京，到北京大学作家班学习。通过上课，认识了一位老教授，通过彼此的老乡关系慢慢熟起来。崔明明独特而新颖的思路吸引了老教授，他们成为忘年交。等到作家班结束后，老教授将他介绍到了一家效益好的出版社。从此，崔明明打开了人生，也在北京站稳了脚跟。

　　通过忘年交这种方式，我们也可以结识到优势互补的朋友。

　　很简单，年轻人有年轻人的优势，而老年人则有老年人的优势。年轻人有激情、有创造性，而老年人有经验、有方法。年轻人要想在事业上获得迅速发展肯定离不开老年人的提携和帮助。然而，由于年轻人与老年人在思想、感情、思维方法和心理品质上存在较大差异，因此，年轻人与老年人在交往方面容易产生"代沟"。

　　但是我们不能因为这种代沟的存在而阻断与老年人的交往，这种代沟是必须要填平的。因为任何社会阶段都要靠各个年龄层次的人的相互作用来发展，这种作用既有选择性的继承，也有创造性的发挥和扬弃。加强年轻人与老年人之间的交流与沟通，对双方乃至对整个社会的发展都具有十分重要的意义。

　　要加强两方面之间的沟通，年轻人必须客观地、辩证地认识老年人与年轻人各自的长短优劣之处，看到这种沟通对双方不同的互补功能。

　　所以，朋友之间的交往并不局限于同时代、同年龄段的人，这些人相对来讲更加与你接近，但是，与你的前辈相处时，你会发现他们也能够吸引你。虽然存在代沟，但是一旦形成忘年交，就会发出耀眼的光芒。

穿朋友的鞋子，增进彼此交情

人与人之间相处，有时会产生误解和隔阂，这是通向友谊王国的"拦路虎"。与真心朋友交往就要给对方多一些理解，多站在别人的立场和角度来为他着想，这也就是所谓的"穿朋友的鞋子"。

学会穿朋友的鞋子，许多事不必说他就能心领神会，同样，朋友也会深知你心中的每一根琴弦和音调，在你刚刚弹出第一个音符的时候，他已经知道了整个乐曲的内容。

多站在对方的立场上看问题。这是成功学大师卡耐基曾总结出的一条重要的交际经验。因为人们在交流中，分歧占多数。卡耐基希望缩短与对方沟通的时间，消除差异，提高会谈的效率，为此，他苦恼了好久。直到有人给他讲了一个故事——犯人的权利，他才从中领悟到这条交际原理。

某犯人被单独监禁。有一天，他忽然嗅到了一股万宝路香烟的香味。于是，他走过去，通过门上一个很小的缝隙口，看到门廊里有个卫兵深深地吸了一口烟，然后美滋滋地吐出来。这个囚犯很想要一支香烟，所以，他用手客气地敲了敲门。

卫兵慢慢地走过来，傲慢地喊："想要什么？"

囚犯回答说："对不起，请给我一支烟……就是你抽的那种：万宝路。"

卫兵错误地认为囚犯是没有权利的，所以，他用嘲弄的神态哼了一声，就转身走开了。

这个囚犯却不以为然。他认为自己有选择权，他愿意冒险检验一下自己的判断，所以他又敲了敲门。这回，他的态度是威严的，和前一次明显不同。

那个卫兵吐出一口烟雾，恼怒地转过头，问道："你又想要什么？"

囚犯回答道："对不起，请你在 30 秒之内把你的烟给我一支。不然，我就用头撞这混凝土墙，直到弄得自己血肉模糊，失去知觉为止。如果监狱当局把我从地板上弄起来，让我醒过来，我就发誓说这是你干的。当然，他们绝不会相信我。但是，想一想你必须出席每一次听证会，你必须向每一个听证委员证明你自己是无辜的；想一想你必须填写一式三份的报告；想一想你将卷入的事件吧——所有这些都只是因为你拒绝给我一支劣质的万宝路！就一支烟，我保证不再给你添麻烦了。"

最后，卫兵从小窗里塞给他一支烟。为什么呢？因为这个卫兵马上明白了事情的得失利弊。

这个囚犯看穿了卫兵的弱点，因此达成了自己的要求——获得一支香烟。

卡耐基通过这个故事想到自己：如果自己能站在对方的立场上看问题，不就可以知道他们在想什么、想得到什么、不想失去什么了吗？仅仅是转变了一下观念，学会站在对方的立场看问题，卡耐基就立刻获得了一种快乐——找到一种真理的快乐。

怎样做到善解人意呢？你必须保持对对方"同感"的理解，其实这也是一种说话技巧。

所谓"同感"就是对于对方所述，表示自己有类似的想法和经历。比如吴倩以十分认真的语调告诉她的好朋友李蓉，她想自杀。李蓉不是去问她为什么，也不板起脸孔说教一番，而是说"是啊，我曾经也有过同样的想法，记得是那天发生的一件事，使我看到了人为什么要勇敢地活下去……"结果吴倩就轻松地谈起了她的烦恼与苦闷。李蓉边听边点头，表示理解和关注。后来吴倩不但勇敢地活了下去，并且做出了成绩。她和那位善解人意的李蓉的友谊愈来愈深了。

要想达到与人情感沟通，就要注意对方。当对方对某一事物表露出一种情感倾向时，你就要对他所说的这件事表达同样的感受，而且深刻些，于是你们就谈到一起了。

真诚理解是友谊的纽带，是成为知己朋友的情感基础，我们不必把其看得过于高深。理解就在你的身旁，理解就在每天琐碎的日常生活当中，而我们能做的，只是在人际交往中，设身处地多为他人着想。

"刺猬哲学"才是交友之道

叔本华曾经讲过一个"刺猬哲学":一群刺猬在寒冷的冬天相互接近,为的是通过彼此的体温取暖以避免冻死,可是很快它们就被彼此身上的硬刺刺痛,相互分开;当取暖的需要又使它们靠近时,又重复了第一次的痛苦,以至于它们在两种痛苦之间转来转去,直至它们发现一种适当的距离使它们能够保持互相取暖而又不被刺伤为止。

正如一句话说得好:"距离产生美。"再好的朋友如果天天见面,也未必是一件好事。保持一定的距离,这样才能让友谊之情长久!

交到好朋友难,而保持友情更难。彼此是好朋友,那为何还要保持距离?这样会不会让朋友间彼此疏远,显得缺乏继续交往下去的诚意呢?你肯定会为这些问题担心。但事实证明,很多人友情疏远,问题就恰恰出在这种形影不离之中。

距离是人际关系的自然属性。有着亲密关系的两个朋友也毫不例外,成为好朋友,只说明你们在某些方面具有共同的目标、爱好或见解,能进行心灵的沟通,但并不能说明你们之间是毫无间隙、可以融为一体的。任何事物都存在着其独特的个性,事物的共性存在于个性之中。共性是友谊的连接带和润滑剂,而个性和距离则是友谊相吸引并永久保持其生命力的根本所在。

人一辈子都在不断地交新的朋友,但新的朋友未必比老的朋友好，失去友情更是人生的一种损失，因此要强调：好朋友一定要"保持距离"！

在文坛，流传着一个关于两位文学大师的故事：

加西亚·马尔克斯是1982年诺贝尔文学奖获得者，巴尔加斯·略萨则是近年来被人们说成是随时可能获得诺贝尔文学奖的西班牙籍秘鲁裔作家。他们堪称当今世界文坛最令人瞩目的一对冤家。他俩第一次见面是在1967年。那年冬天，刚刚摆脱"百年孤独"的加西亚·马尔克斯应邀赴委内瑞拉参加一个他从未听说过的文学奖项的颁奖典礼。

当时，两架飞机几乎同时在加拉加斯机场降落。一架来自伦敦，载着巴尔加斯·略萨，另一架来自墨西哥城，它几乎是加西亚·马尔克斯的专机。两位文坛巨匠就这样完成了他们的历史性会面。因为同是拉丁美洲"文学爆炸"的主帅，他们彼此仰慕、神交已久，所以除了相见恨晚，便是一见如故。

巴尔加斯·略萨是作为首届罗慕洛·加列戈斯奖的获奖者来加拉加斯参加授奖仪式的，而马尔克斯则专程前来捧场。所谓殊途同归，他们几乎手拉着手登上了同一辆汽车。他们不停地交谈，几乎将世界置之度外。马尔克斯称略萨是"世界文学的最后一位游侠骑士"，略萨回称马尔克斯是"美洲的阿马迪斯"；马尔克斯真诚地祝贺略萨荣获"美洲诺贝尔文学奖"，而略萨则盛赞《百年孤独》是"美洲的《圣经》"。此后，他们形影不离地在加拉加斯度过了"一生中最有意义的4天"，制订了联合探讨拉丁美洲文学的大纲和联合创作一部有

关哥伦比亚 - 秘鲁关系小说。略萨还对马尔克斯进行了长达 30 个小时的"不间断采访",并决定以此为基础撰写自己的博士论文。这篇论文也就是后来那部砖头似的《加夫列尔·加西亚·马尔克斯:弑神者的历史》(1971 年)。

基于情势,拉美权威报刊及时推出了《拉美文学二人谈》等专题报道,从此两人会面频繁、笔交甚密。于是,全世界所有文学爱好者几乎都知道:他俩都是在外祖母的照看下长大的,青年时代都曾流亡巴黎,都信奉马克思主义,都是古巴革命政府的支持者,现在又有共同的事业。

作为友谊的黄金插曲,略萨邀请马尔克斯顺访秘鲁。后者谓之求之不得。在秘鲁期间,略萨和妻子乘机为他们的第二个儿子举行了洗礼;马尔克斯自告奋勇,做了孩子的教父。孩子取名加夫列尔·罗德里戈·贡萨洛,即马尔克斯外加他两个儿子的名字。

但是,正所谓太亲易疏。多年以后,这两位文坛宿将终因不可究诘的原因反目成仇、势不两立,以至于 1982 年瑞典文学院不得不取消把诺贝尔文学奖同时授予马尔克斯和略萨的决定,以免发生其中一人拒绝领奖的尴尬。当然,这只是传说之一。有人说他俩之所以闹翻是因为一山难容二虎,有人说他俩在文学观上发生了分歧或者原本就不是同路。后来,没有人能再把他们撮合在一起。

可见,朋友相处,重要的是双方在感情上的相互理解和遇到困难时的互相帮助,而不是了解一些没有必要的东西。也可以说,心灵是贴近的，但肉体应是保持距离的。

中国古老的箴言：君子之交淡如水，便饱含了这一道理。那么，真诚地对待你的朋友时，保持距离、用心经营才是上上策。

让朋友表现得比你出色

每个人都希望自己比别人优秀，我们在对待朋友时，要尽量让其表现得比你出色，这样既表现出自己的谦虚，又让朋友喜欢你，达到融洽的交际关系，两全其美，何乐而不为呢？

法国哲学家罗西法古说："如果你要得到仇人，就表现得比你的朋友优越吧；如果你要得到朋友，就要让你的朋友表现得比你优越。"

为什么这句话是事实？因为当我们的朋友表现得比我们优越，他们就有了一种重要人物的感觉，但是当我们表现得比他还优越，他们就会产生一种自卑感。

纽约市中区人事局最得人缘的工作介绍顾问是亨丽塔，但过去的情形并不是这样。在她初到人事局的头几个月当中，亨丽塔在她的同事之中连一个朋友都没有。为什么呢？因为每天她都使劲吹嘘她在工作介绍方面的成绩、她新开的存款户头以及她所做的每一件事情。

"我工作做得不错，并且深以为傲，"亨丽塔对拿破仑·希尔说，"但是我的同事不但不分享我的成就，而且还极不高兴。我渴望这些人能够喜欢我，我真的很希望他们成为我的朋友。在听了你提出来的一些建议后，我开始少谈我自己而多听同事说话。他们也有很多事情要说，把他们的成就告诉我，比听我说更令他们兴奋。现在当我们有时间在一起闲聊的时候，我就请他们把他们的欢乐告诉我，好让我分享，而只在他们问我的时候我才说一下我自己的成就。"

苏格拉底也在雅典一再地告诫他的门徒："你只知道一件事，就是你一无所知。"

无论你采取什么方式指出别人的错误：一个蔑视的眼神，一种不满的腔调，一个不耐烦的手势，都有可能带来难堪的后果。你以为他会同意你所指出的吗？绝对不会！因为你否定了他的智慧和判断力，打击了他的荣耀和自尊心，同时还伤害了他的感情。他非但不会改变自己的看法，还要进行反击，这时，你即使搬出所有柏拉图或康德的逻辑也无济于事。

永远不要说这样的话："看着吧！你会知道谁是谁非的。"这等于说："我会使你改变看法，我比你更聪明。"这实际上是一种挑战，在你还开始证明对方的错误之前，他已经准备迎战了。为什么要给自己增加麻烦呢？

有一位年轻的纽约律师，他参加了一个重要案子的辩论，这个案子牵涉到一大笔钱和一项重要的法律问题。在辩论中，一位最高法院的法官对年轻的律师说："海事法追诉期限是 6 年，对吗？"

律师愣了一下，看看法官，然后率直地说："不。庭长，海事法没有追诉期限。"

这位律师后来说："当时，法庭内立刻静默下来。似乎连气温也降到了冰点。虽然我是对的，他错了，我也如实地指了出来，但他却没有因此而高兴，反而脸色铁青，令人望而生畏。尽管法律站在我这边，但我却铸成了一个大错，居然当众指出一位声望卓著、学识丰富的人的错误。"

这位律师确实犯了一个"比别人正确的错误"。在指出别人错了的时候，为什么不能做得更高明一些呢？

因此，我们对于自己的成就要轻描淡写。我们要谦虚，这样的话，永远会受到欢迎。

要比别人聪明，但不要告诉人家你比他更聪明。

与朋友说话时的三大禁忌

不要以为对方是你的朋友，是认识你的人，说话就毫无忌惮。有的时候，可能是你自己的一个小习惯，在说话的时候无意间表现出来，惹得双方都不愉快。

那么在和朋友说话时，就要注意以下三大禁忌：

1. 最忌讳废话

人与人之间交流的时候，最忌讳的是多言或废话，尤其是用一句话能说清楚的事情，或者简单几句话就能表达出的意思，就不要说过多无用的话。其实朋友之间很多的话不必说得非常明白，对方也能领会，要对对方有信心。当然，这是一种沟通的技巧，需要双方的默契。

所谓最好的说话技巧，就是能够在话题开始的时候，很自然地把意思表达出来。如果为了表达一个意思，不断地解释，增加不必要的废话，只能招人讨厌。

2. 炫耀又爱说教，是最糟糕的习惯

每个人都有爱表现的心理，只不过各自表现的方式不一样。其实习惯说废话的人就是出于一种爱表现的心理，这样的人让人难以接受，但是如果你不仅废话多，还喜欢炫耀和说教，那简直让人无法忍受了。

从心理学角度看，爱表现其实是一种反映当事人向上求进步的愿望，所以并非坏事，但凡事总要有个限度，如果过于炫耀自己，比如学历、职业、出身等，还喜欢对别人说三道四，那必定会失去朋友，大家都会对你敬而远之。

其实，喜欢炫耀自己、对别人说三道四的人往往并没有多少才学，这样做不过是一种自卑的表现，拿自己仅有的优势招摇，就怕别人不知道。真正有才学的人是不会这样做的，因为他们知道，不用语言，人们迟早会知道自己的优点。

喜欢炫耀的人，习惯不停地说"我如何如何……"，不停地向周

围人表达自己的见解，而且还动不动就训斥别人，用说教的口气切断自己的人际关系。如果你喜欢对比你辈分低或地位低的人说教，不仅不会让对方对你产生尊敬，还会觉得你是在说大话，对你产生逆反心理。如果辈分或地位一样，你的说教只能让人家觉得你是在炫耀自己，你是一个非常骄傲、不值得信任的人。

这样说并不是不让你指出对方的不足，任凭错误发生，而是不要在说话的时候加上"如果是我……"或者"我曾经……"这一类的话，这样的表达方式只能让人一听就觉得厌烦，你最初的目的可能会造成相反的结果。

3. 过高的音量只会有损你的形象

不知道你有没有注意过自己说话的音量？相信大多数人都没有注意到，除非是熟识的人提醒你，否则你自己都不会意识到这个毛病。

尖锐的高音往往能在你无意的时候破坏你的形象。从医学角度讲，某种声音的音频超过一定程度，就会让听到的人产生不安的情绪，严重的时候还会让人变得焦躁。

春节前，白若德所在的公司计划订一个场地组织活动，白若德就根据广告上的电话进行联系。

第一个电话一接通，白若德就被电话里传来的声音吓了一跳。对方是位大嗓门的女士，不仅语速快得让人听不清，而且她的嗓音很尖锐，甚至让白若德感到头疼。放下电话，她知道绝对不能和这家合作。

几个电话后，白若德从话筒里听到了一个很淳厚的嗓音，对方的声音让她很满意，双方很快谈妥了活动方案。

不出白若德所料，这次活动非常成功。

低沉的声音其实可以给人以一种稳重、权威的感觉，让人觉得你是可靠、可信的。运用适当的声音音量，可以表明你的修养。负责接电话的人，如果声音低沉有力，则会给人以安全感，能让听的人觉得值得信任。相反，尖锐的高音只能让人觉得你没有教养，也一定会对你失去信任。

谁都知道"有理不在声高"的道理，在与人发生矛盾冲突的时候，高音量并不会为你争取到优势，反而会让人造成误解，觉得你是因为心虚才这么大声音的，就可能造成"有理变没理"的局面。

第十二章

职场进退有度，

混得风生水起

应对面试官，要根据其性格特点从容施策

在战争中，知己知彼是百战百胜的保障。面试也是如此，作为应聘者，只有了解了面试官的性格，才能把公关做得恰到好处，使自己获得成功。

一般来讲，面试官分为以下几种表现形式，你可以根据不同情况见招拆招，方可从容应对。

1. 性格外向型特点

充满活力，善谈，肢体语言丰富，富有感染力；表里如一，想到什么就说什么。

对策：随他去说，你只要做个好听众，面带微笑，频频点头，心领神会；可以温和平静，可以大笑，可以做惊讶状，可以做陶醉状，一言以蔽之，要变化多端。

2. 性格内向型特点

外表冷峻，不喜形于色；不善言谈，几乎无任何肢体语言；喜欢沉思默想，而后出言表达。

对策：时而提问，时而倾听；不要打断他的谈话，要有耐心，给他时间去沉思默想。

3. 性格感应型特点

语言简洁精练，直述其意；无想象力，求实际，重事实。

对策：直接切入正题；问一句答一句，有理有据，不要夸夸其谈；直接阐述你的实际工作经验，最好引述一两例成功案例。

4. 性格直觉型特点

谈话高深莫测，喜用修辞和成语；无论其谈吐和表情都给人以模糊、含混的感觉。

对策：尽力保持谈话不要间断，亦可以引用成语和典故；要表现出你的创造性；强调你已经领悟了他高深莫测的寓意。

5. 貌如思想家型特点

富有严密的逻辑思维能力，善用分析和推理；性格敦厚。

对策：回答问题时，你也要逻辑严密；与他的观点和立身之道保持一致；表现出你也是公正无私、敦厚之人。

6. 敏感试探型特点

友好，温和；善解人意，富有同情心；处事周到。

对策：要温和，平稳；表现出你的热情助人行为以及你的通情达理和为他人着想的美德；表现出你是如何协调组织和善于沟通不同人之间关系的能力。

7. 貌如审判官型特点

非常严肃和冷静；具有决定性和组织的权威之感；凌驾于你的 IQ 和 EQ 之上，任意判断，独断专行。

对策：要有充分准备，做乖乖状且随机应变；谦虚谨慎，多向他征求意见；服从组织安排，要有"叫干啥就干啥"的精神。

8. 貌如观察家型特点

开朗顽皮，善用游戏等方式测试候选人；好奇心强；想法随意，大有天马行空之势。

对策：要热烈响应他的任何提议，积极参与协助对你的各种测试；时刻期待着回答他对你提出的各种问题，但要有选择地回答；不要勉强做出评价和表达自己的意思。

面试中要根据不同的提问进退自如

一般情况下，求职者面试时的表现将直接决定是否被录用。作为一个求职者，必须学会应对各种提问，同时还要学会推销自己。下面我们就来剖析一下面试官的一般提问方式，以便在面试时进退自如。

1. 封闭型提问

例如，你愿意做工程师还是市场开发人员？

这种问题回答力求简洁、明白，一般不需做过多的补充和修饰。

2. 开放型提问

例如，你的性格特点是什么？善于与人相处吗？

这类问题很关键。回答得好坏，直接关系到录用与否，而且这些是你事先应该准备的。同时，这类问题，回答得好，就是绝好的表现自己、推销自己的机会，可以令面试官刮目相看，顿生爱才之心。

3. 假设型提问

例如，如果让你来当我们公司的总经理，首先你会做几件事？

面对这种问题，切忌长时间地沉默，但也不要不经考虑急于回答。需要对问题的关键部位进行详细分析，提出切实可行的解决方法，不要做长篇大论。

4. 控制型提问

例如，你认为我们的改革怎么样？

顺水推舟，给面试官一个较为满意的回答。但若你对这家公司的改革确实有意见，而且有特殊的理由，倒也可以谈出自己的看法，令面试官觉得耳目一新，出奇制胜。否则，还是夸夸他们吧。很多的时候，领导者是需要被赞赏的。

5. 否定型提问

例如，我们要求的都是大学本科以上学历，你只是专科，恐怕不合适吧？

切记大吵大闹，甚至拂袖而去，这样只能反映出自己没有修养。只要你相信自己行，你就行。表达出这种自信，努力扭转劣势。

6. 连珠型提问

例如，你喜欢读书吗？业余时间都读什么书？经济类的书读得多吗？哪一种管理理论你较为欣赏？

你一定要按顺序回答问题，也不一定每一个问题都要回答，在表述中留心表现出自己的个性及优点。

切勿功高震主

汉代有一位能干的官吏，安民有方，平息了大灾害后的暴动。他鼓励人民垦田种桑、重建家园。经过几年治理，当地社会稳定，百姓安居乐业，这位官吏得到了人民极大的拥戴，名声响彻朝野。

皇帝突然在此时召他还朝，临行前，他手下的一位谋士突然前来求见，问他："天子如果问大人如何治理地方，大人打算怎么回答？"

这位官吏坦然地回答："我会说任用贤才，使人各尽其能，严格执法，赏罚分明。"

谋士连连摇头道："非也非也，此话将陷大人于不利，在天子心中，大人声名已经过于显赫了，再自夸其功，后果不堪设想。"官吏心中一惊，"功高震主"的人往往没有好下场，这样的教训已经够多了。

于是在皇帝召见时，官吏一再推辞奖赏，只说"都是天子的神灵威武感化所致"，皇帝果然龙颜大悦，将他留在身边，委以显要的官职。

这个故事深刻地阐释了"做下级的，最忌自以为有功便忘了上司"这样一个道理。

古今中外许多事实证明，功高震主之时，往往也是失宠之日。但是，如果有人肯大方利落地将功劳让给别人，受到礼让的人一定会大为吃惊，继而心生感激，常常会产生"此人很是谦虚"的想法，对此人更是好感大增。

不居功自傲不仅仅可以在上司心中留下美好的印象，更深层次的意义是能使你的人格变得更伟大。将自己用辛勤和汗水换来的功劳拱手相让，这本身就需要具备很深的修养。但是，也只有这种气量很大，不斤斤计较得失的人才能真正打动上司。只是有一点需要注意，礼让功劳的事绝对不能作为个人荣耀到处宣传，否则，让功的收益率便会下降为零，甚至适得其反，你在上司眼中会成为彻头彻尾的表里不一之人。

记住永远不要让你的光芒遮盖了你的上司。具体来说是切勿冒犯上司，不抢上司的风头；做事情把握分寸，要到位而不要越位，总是比上司矮一截，任何情况下不让上司觉得你是对他有威胁的。能够做到这些，你自然就能够提升自我，获得事业的成功。

职场"亡羊"，就要技巧地"补牢"

亡羊补牢的成语故事可谓家喻户晓了，大家都知道亡羊后在于怎么把"牢"补上。我们生活在一个人与人构成的社会当中，交流是必要的，既然要说话，难免有口误，尤其是在办公室这样一个特殊的环境里，说错话并不是少有的事。

当你在上司面前言行失误时，心里不要紧张和恐慌，这时关键是要施以巧言挽回失误。有几种方法可供参考：

1. 坦率道歉

有一次小王在和同事聊天时，开玩笑地说上司"像个机器人"，不巧的是正好被上司听到了。于是，小王给上司写了一张条子，约他抽空谈一谈，上司同意了。

"显而易见，我用的那个词绝无其他用意，我现在倍感悔恨。"小王向上司解释道，"我之所以用'机器人'之类的字眼，只不过想开个玩笑，我感到您对工作一丝不苟，但对我们有些疏远，因此，'机器人'三个字只不过是描述我这种感情的一种简短方式。请您谅解！以后我会注意自己的表达方式。"

上司为小王合情合理的解释和自我批评的行为而深受感动，他甚至当即表态，说要努力善解人意，做个通情达理的领导。

小王的坦率道歉，让他和上司的关系化干戈为玉帛。有些人在对上司说了不敬的话后，往往会一味地自我谴责甚至自我羞辱，然后低声下气地去道歉。但许多情况下，仅靠一句"对不起"不会取得上司的谅解。道歉要坦率，更重要的是，要通过道歉把问题讲清楚，只有这样才能促成和上司的充分沟通，从而顺利解决自己言行失误带来的感情危机。

2.真心巧表，妙用修辞

南朝梁有个大臣叫萧琛，能言善辩。在梁武帝萧衍还没有称帝时，他就与之交好。后来萧衍当上了皇帝，两个人之间的关系还是很亲密。

有一次，武帝萧衍举行大型宴会，萧琛也参加了。酒过三巡后，萧琛有些醉意，就趴在桌子上。武帝见了，就用枣子投他，正好打中萧琛的头。萧琛抬起头，竟然不假思索地拿起食品盒里的栗子向武帝投去，正好打中武帝的脸。这时，旁边的官员都看到了，吓得大气都不敢出。武帝的脸也一下子沉了下来，刚要动气，萧琛急忙说道："陛下把赤心投给臣，臣怎敢不用战栗来回报呢？"

武帝一听，转怒为笑。

这里，"赤心"是借用枣的形态做比喻的，"战栗"则是借用了"栗"的谐音。可以想象，如果萧琛不能机智快速的反应，及时想出了应答的办法，等待他的岂不是大祸临头！

在上司面前做错了事，道歉并不总是唯一正确的选择。因为道歉过后，上司可能只是原谅了你，怨气消了不等于喜气来了，而如果能像萧琛这样，明明是做错了事，可短短一句话，不但消解了上司的怨气，而且还带来了喜气，岂不是更高明的选择？给自己的失误，加上一个美丽的修饰，错误反而成了向上司表达忠心的举动，难道不令人拍案叫绝吗？

3. 先赞美，再说道歉

余先生被调派到分公司工作了半年，一回到总公司，马上就赶着去问候以前很照顾他的陈科长。余先生对过去陈科长经常不辞辛苦地跑到分公司给予指导的事，反复地致谢，可是，不知怎么搞的，对方反应似乎很冷淡。

当余先生纳闷地走出门时，一名同事才过来告诉他："陈科长已经升为副处长了呀！"

不知道对方已经升官，依然用以前的职称称呼，可能会使对方的心里觉得不舒服。余先生顿时恍然大悟，后悔自己没有事先确认对方的职位是否已经有所变化，所以失了言，但说错的话已经收不回来，怎么办？他想了想，马上返回到陈处长的办公室，开口说："陈处！真是恭喜您了！您也真的是，刚才也不告诉我一下。我在分公司难免消息不灵通。不过，错漏您升官的消息，总是我的不是，真对不起，请原谅！"

像这样明白地讲出来，并把衷心的祝贺表达出来，自然也就化解了陈处长心中的不快。

犯了类似无心之过时，先用甜言蜜语赞颂一番你的上司，再真诚地分析你的失误，表示你的歉意，不失为消除上司心中不快的好办法。

不仅是对上司如此，要是与同事之间因为某些言行不够谨慎，言谈欠周到、细致而发生一些误会，我们也要积极想办法去消除，做到亡羊补牢，补牢才能不亡羊，使自己与同事能尽快地轻松、舒畅起来。

1. 当面说清楚

虽然误会的类型各种各样，但解决的最简捷、最方便的方法便是当面说清楚。大多数人也都喜欢这种方法。

因此，如果有误会需要亲自向对方做出说明，你千万不要找各种借口推脱。你一定要战胜自己的懦弱，克服困难，想方设法地当面表明心迹，千万不要轻信第三者的只言片语。

2. 不要放过好时机

解释缘由，消除误会，必须选择好时机，一定要考虑对方的心境、情绪等情感因素。你最好选择升职、涨工资或婚宴等喜庆日子，因为这时对方心情愉快，神经放松，胸怀也就较为宽广。你如果能抓住这些时机进行表白，往往能得到对方的谅解，双方重归于好。

3. 请同事帮忙

你与同事的误会常常是在工作中产生的，双方的误解涉及许多方面。个人解决可能会受到限制，有时候不能明白透彻地说清楚，这时候，你可以请其他同事帮忙，把事情彻底地弄清楚。当然，你也不必兴师动众，叫上一帮同事大费口舌。当误会不便于直说，你们双方又都觉得心里不愉快，产生了生疏和隔阂时，你只需要让同事帮忙为你们提供一个畅谈的机会。在和谐、友好的气氛中，彼此间心理上的距离便会缩短，许多小误会和不快都会自然地消失。

遇到和上司、同事之间的不愉快，尤其是因为自身原因引起的，不要刻意回避，问题一日不解决，你的损失就越来越大。千万不要认为难以启齿或碍于不好意思而使解释的时间越拖越长，否则只会使误会越陷越深，到最后无限制地拖延造成令人更加苦恼的后果。同时，拖的时间越长，你就越被动。

对待难相处的下属，要因势利导

作为上司，有时候并非比做下属容易。工作中有些下属往往比较难相处。作为管理者，应尽可能地与各种性格的下属保持良好的关系。那么在实际中，针对不同性格的下属又应该如何应付呢？

1. 悲观泄气型性格的下属

特点：这种人对任何事都悲观失望、没有信心，对新形式、新观念、新事物不抱任何希望，这种思想蔓延后会阻碍公司的发展。

方法：要改变他们的这种性格是非常不容易的，上司要给他们做出表率，用乐观进取的精神使他们在心理上消除悲观失望的情绪。对他们提出的合理化建议，应给予极大的鼓励和表扬，使他们增强进取心。

2. 暴躁型性格的下属

特点：这种性格的人脾气暴躁，与他们相处就会时不时地被他们发的火"烧"一下。

方法：对这种性格的人要能正确地引导，在非原则性的问题上不与他争执，不给他发火的机会和场所，并寻找适当的机会严厉指出，他的坏脾气使客户对公司留下不良印象，也会给别人带来不快，给他自己造成坏影响；强调在公司要注意个人形象，不可忘乎所以，更不能恶意伤人。

3. 强硬型性格的下属

特点：这种性格的人非常直爽，做任何事都雷厉风行，不喜欢婆婆妈妈，比较适合担任责任心强、难度大的工作职位。

方法：要时刻提醒他们做事时不可粗心草率。在工作中，你可以直接吩咐他们去完成某项任务，对他们的不满情绪要心平气和地因势利导，而不能针锋相对。

4. 变化无常型性格的下属

特点：这种性格的人大多才能较为突出，能为公司做一些创造，给公司带来财富。但这种人的性格变化无常，行为古怪，令人捉摸不透，他们自以为有才、有能力，不把他人放在眼里，对任何人的建议和劝说都嗤之以鼻，更不接受人们希望他们改变性格的意见。

方法：这种人令上司既爱又恨，为了公司的利益，可以在一定程度上允许他们自由一些，应采用特殊的方法对待特殊的人。

读懂不同类型的同事，才能制造融洽气氛

一个公司就是一个社会的缩影，各种性格的人在一个公司里都有可能遇上，有些还是工作当中不可避免的麻烦人物。面对不同性格类型的人，如何调动他们，以使大家相处融洽，促进工作顺利进展呢？

1.推卸责任的人

对那些习惯推卸工作职责的同事，在请他们协助工作时，目标必须明确，时间、内容等要求要讲清楚，甚至白纸黑字写下来，以此为证据。不为他们所提出的借口而动摇，请温和地坚持原来的决议，表达你知道工作有困难性，但还是需要在一定范围内完成的期望。

如果他们试图把过错推给别人，不要被他们搪塞过去，你只需坚定说明那是另一回事，现在要解决的是如何达成原定的目标。如果他们真的遇到问题，除非真有必要，你不用主动帮他们解决，防止养成他们继续对你使用这招以摆脱工作的习惯。

2.过于敏感的人

一些同事生性敏感，应尽量避免在其他人面前对他们做出可能冒犯的评语，要批评请私底下讲。即使像"有点""可能""不太"这

类有所保留的语气，都会让他们心乱如麻，因此在批评时尽量客观公正，慎选你的用词，指出事实就好，尤其要让他们了解你只是针对事情本身提出意见，而不是在对他们做人身攻击。

针对他们过度的反应，你不要也跟着乱了手脚急于辩解，那可能会愈描愈黑，只要重申事情本身就好。提出意见时也同时指出他们的优点以及表现出色的地方，以建立他们的自信心。

3. 喜欢抱怨的人

他们之所以抱怨，是因为他们在意事情的发展。如果抱怨的内容跟你负责的业务有关，最好能有立即的响应或改善；如果他们抱怨的是无关紧要的琐事，听听就算了，也不需要动气反驳。遇到问题时，问问他们觉得最好的解决方法是什么，怎么样才能避免问题再度发生，将他们的力气引导到解决问题上。

4. 悲观的人

脸上总带有悲观情绪的同事害怕失败，不愿意冒险，所以会以负面的意见阻止工作、环境上的改变。你不妨问问他们认为改变后最坏的结果是什么，事先准备好应对的方法。

与悲观的同事合作时，告诉他们如果失败的话是整个团队的责任，而不会光责怪他们，解除他们的心理压力，他们就不会在一旁唠叨。

5. 喜怒无常的人

有些同事属于黏质型的，会喜怒无常。当他们表现出喜怒无常的行为时，不要回应他们无理的行为，找个借口离开现场，等他们冷静一点儿再回来。面对他们的情绪失控，不要也被撩起情绪，应以冷静、客观的态度响应，陈述事实即可，不需辩解。一旦他们恢复理智，要乐于倾听他们的谈话。万一他们中途又开始"抓狂"，就立即停止对话。

6. 沉默的人

办公室里总有一些不善说话、只会默默工作的同事。在与他们说话时不能语带威胁，要不带情绪并放低姿态。

花时间与他们一起将每个工作步骤写成白纸黑字，了解彼此对工作的认知。尽量让他们做自己分内的工作就好。

尽量多问一些开放性的问题，鼓励他们说话，如果他们一时无话可说就耐心等待，给他们时间思考，不用对彼此之间的沉默觉得不自在。称赞他们的成就，以符合他们需求的方式鼓励他们。

7. 固执的人

对待这样的同事，仅靠你三寸不烂之舌是难以说服他的，你不妨单刀直入，把他工作和生活中某些错误的做法一一列举出来，再结合眼下需要解决的问题提醒他将会产生什么严重后果。这样一来，他即使当面抗拒你，内心也开始动摇，怀疑起自己决定的正确性。这时，你趁机摆出自己的观点，动之以情，晓之以理，那么，他接受的可能性就大多了。

8. 轻狂高傲型

对轻狂高傲的同事，你根本用不着与之计较，他喜欢吹嘘自己，那就由他去吧。就是他贬低了你，你也不要去与他们较量，更不要低三下四，你只需长话短说，把需要交代的事情简明交代完即可。

所以，在公司里，面对不同类型的同事，要把握他们各自的性格特点，积极调动，营造一个和谐融洽的工作氛围。

领导能力比自己强的下属：一用、二管、三养

汉高祖刘邦平定天下之后，在洛阳的庆功宴上就曾说过这样的话："夫运筹帷幄之中，决胜千里之外，吾不如子房；镇国家，抚百姓，给馈饷，不绝粮道，吾不如萧何；连百万之军，战必胜，攻必取，吾不如韩信。此三者，皆大杰也。吾能用之，此所以取天下也。项羽有一范增而不能用，此所以为我所擒也。"

刘邦还是很有自知之明的，他知道自己不是全才，在很多方面不如自己的下属。他之所以能打败不可一世的楚霸王项羽，一统天下，是因为重用了一些某些方面比自己能力更强的人。而恰恰是在这一点上，刘邦表现出了一个统帅最值得称道的品格和能力。

打天下如此，干其他事业也莫不如此。

美国钢铁大王卡内基的墓碑上刻着一行字——"这里躺着一位善用比自己能力更强的人"，一语道破了上司应有的管理品质。工作中下属是能人的现象随处可见，然而每个上司对待能力高强的下属的态度却千差万别，正是由于这不同的态度和做法，不仅影响着能干的下

属的命运，同样也影响着自身利益。那么，作为一个上司，要善用能力比自己强的下属。

以欣赏的心态来看待有能力的人。要平和积极地对待表现出色的下属，不要有嫉妒心理。如果有嫉妒心理，就会有许多过激的行为和语言产生，这大大影响到上司自身的形象和声誉。以欣赏的心态来看待下属，这样不仅下属会有自豪感和荣耀感，而且也会积极地把能力都发挥出来，而上司自身也会受到有才干的人和有才干的人以外的人尊重、信赖和佩服，大家就会团结起来，进行开创性的工作，于是工作效率会大大提高。因此说，下属是能人是值得高兴的事情，有能人要比没有能人要好得多，因为能人可以来做好多工作，而且可以做一般人做不了的工作，解决一般人解决不了的问题。

对待有能力的下属要把握三点：一用、二管、三养。

第一是要用

给能人挑战性的工作，千方百计地调动能人的积极性，让他们出色地完成工作，让他们的能力得到发挥，让他们的才华得到施展，给他们以舞台满足感，只有这样才能留住他们，不然，离去只是迟早的事情。

第二是要管

能人毛病多，恃才傲物，有时甚至爱自作主张，因此，必须要管，要有制度约束，要多与之进行思想沟通交流，力争达成共识和共鸣。目的在于让他们与你相互了解，防止因相互不了解，而产生误会和用人不当，出现麻烦和损失。

第三是要养

如果能人是鱼，组织就是水，而这个组织就是由组织中的每一位成员组成，也包括能人自己。因此除了要引导能人少说多做，做出成绩外，还要善意地有艺术性地帮他改掉毛病，同时也要教导组织成员解放思想、更新观念，见贤思齐，使组织形成团结合作、积极进取的健康氛围，这样一来再引导他们和组织成员融合在一起。

因此，如果你真心希望你的下属能够各尽其才、各尽其能，为你的事业而奋斗，就必须敢于起用他们，让他们的才华，铸就你事业的辉煌。

宽容对待下属的过失，对方更愿意被你领导

宽容，应该是每一个领导应具备的美德。没有一个下属愿意为对下属斤斤计较、小肚鸡肠，犯一点小错就抓住不放，甚至打击报复的领导去卖力办事。

尽可能原谅下属的过失，这是一种重要的赢得人心的方法。对那些无关大局之事，不可同下属锱铢必较，当忍则忍，当让则让。要知道，对下属宽容大度，是制造向心效应的一种手段。

汉文帝时，袁盎曾经做过吴王刘濞湃的丞相，他有一个侍从与他的侍妾私通。袁盎知道后，并没有将此事泄露出去。有人却以此吓

唬侍从，那个侍从就畏罪逃跑了。袁盎知道消息后亲自带人将他追回来，将侍妾赐给了他，对他仍像过去那样倚重。

汉景帝时，袁盎入朝担任太常，奉命出使吴国。吴王当时正在谋划反叛朝廷，想将袁盎杀掉。他派五百人包围了袁盎的住所，袁盎对此事却毫无察觉。恰好那个侍从在围守袁盎的军队中担任校尉司马，就买来二百石好酒，请五百个兵卒开怀畅饮。兵卒们一个个喝得酩酊大醉，瘫倒在地。当晚，侍从悄悄溜进了袁盎的卧室，将他唤醒，对他说："您赶快逃走吧，天一亮吴王就会将你斩首。"袁盎大惊，赶快逃离吴国，脱了险。

从这里，我们不仅看到了袁盎的宽宏大度，远见卓识，也可以洞悉他们领导部下的高超艺术。无独有偶，曹操巧败袁绍的故事也恰恰能说明这一点。

公元 199 年，曹操与实力最为强大的北方军阀袁绍相拒于官渡，袁绍拥众十万，兵精粮足，而曹操兵力只及袁绍的十分之一，又缺粮，明显处于劣势。当时很多人都以为曹操这一次必败无疑了。曹操的部将以及留守在后方根据地许都的好多大臣，都纷纷暗中给袁绍写信，准备一旦曹操失败便归顺袁绍。

相距半年多以后，曹操采纳了谋士许攸的奇计，袭击袁绍的粮仓，一举扭转了战局，打败了袁绍。曹操在清理从袁绍军营中收缴来的文书材料时，发现了自己部下的那些信件。他连看也不看，命令立即全部烧掉，并说："战事初起之时，袁绍兵精粮足，我自己都担心能不能自保，何况其他的人！"

这么一来，那些动过二心的人便全部都放了心，对稳定大局起了很好的作用。

曹操这一手的确十分高明，这种做法将已经开始离心的势力收拢回来。不过，没有一点儿气度的人是不会这么干的。

可见，精明的上司，一定要懂得原谅下属的过失，让下属知道你的胸怀大度，他会情愿为你做任何事。

第十三章

把客户变成朋友，

再也不为生意发愁

设立共同目标，迅速拉近距离

鹏远一位很多年没见的大学同学到北京出差，他叫鹏远出来聚一聚，鹏远按照约定地点来到一个饭店，服务员把鹏远带进包厢里，鹏远看到那位老同学正神采奕奕地等着他。

一番寒暄之后，话题自然是落到了这几年的发展上，"你怎么好好地跑去经商了呢，当初你的专业课可是最棒的。"鹏远问他。

老同学笑眯眯地回答道："这并不妨碍啊，我只不过将心理学的研究放到了商场里，你知道我是怎么捞到第一桶金的吗？"

鹏远摇摇头。

老同学开始追溯往昔，刚下海那几年，虽然挣了点钱，但还算不上很成功，那时，他已经成为公司的经理，手里有了不少客户资源。想来给别人打工不如自己当老板，便开始计划利用现任职位上的客户资源开办一家新公司赚笔大钱。

于是他找了两名以前的手下，共商创业的事。后来他发现他们三个人数太少，很难成功。于是他要他的手下另外再找七个人，组成十个人的创业团队。他的手下顺利地找到了他们所需要的人手。他这时却发现，他与这七个新伙伴根本就不认识，他们是否值得信任实在是一个大问题。

于是他想到了每晚分别与一个新伙伴共进晚餐的好办法。席间他除了交代各人的职责之外，还郑重地向他们表示"我也跟你们一样需要钱"！

结果，由于彼此有了共同的目标，这个计划最后终于成功了。

鹏远这位老同学不愧是心理学的高才生，他很懂得运用人的心理来成事，在他发展的过程中，由于彼此有着共同的目标，因而迅速拉近了彼此之间的距离。在人际交往中，若你与对方有共同的目标，则很容易就能增加彼此之间的亲密感。

在这里要提醒的是，若与对方有共同点，就算再细微的也要强调。对于共同点一定要找出来，这样可以很快地消除彼此间的陌生感，产生亲近的感觉。这样不但可以使对方感到轻松，同时也具有使对方说出真心话的作用。

反客为主，失礼而不失"理"

《三国演义》中讲到，曹操率领大军南征，刘备败退，无力反击，大有坐以待毙之势。以刘备单独的力量，绝对无法与曹操的势力相抗衡，解决的办法只有一个，就是与江东的孙权联手。此时，诸葛亮自愿出使到江东做说客，他并不是像一般人那样低声下气地求孙权，却采用"反客为主"的方法，表现出一副强硬的态度，硬是激发了孙权的自尊心。

当时，东吴孙权自恃拥有江东全土和十万精兵，又有长江天堑作为天然屏障，大有坐观江北各路诸侯恶斗的态势。他断定诸葛亮此来是做说客，采取了一种居高临下的姿态等待着诸葛亮的哀求。

不想诸葛亮见到孙权，开门见山地说道："现在正值天下大乱之际，将军你举兵江东，我主刘备募兵汉南，同时和曹操争夺天下。但是，曹操几乎将天下完全平定了，现在正进军荆州，名震天下，各路英雄尽被其所网罗，因而造成我主刘备今日之败退，将军你是否也要权衡自己的力量，以处置目前的情势？如果贵国的军势足以与曹军相抗衡，则应尽快与曹军断交才好。"

诸葛亮只字不提联吴抗曹的请求，他知道孙权绝不会轻易投降，屈居曹操之下。孙权听完诸葛亮一席话，虽然不高兴，但不露声色，反问道："照你的说法，刘备为何不向曹操投降呢？"

诸葛亮针对孙权的质问，答道："你知道齐王田横的故事吗？他忠义可嘉，为了不服侍二主，在汉高祖招降时不愿称臣而自我了断，更何况我主刘皇叔乃堂堂汉室之后。钦慕刘皇叔之英迈资质，而投到他旗下的优秀人才不计其数，不论事成或不成，都只能说是天意，怎可向曹贼投降？"

虽然孙权决定和刘备联手，但面对曹操八十万大军的势力，心里还存在不少疑惑——诸葛亮看出这一点，进一步采用分析事实的方法说服孙权。

"曹操大军长途远征，这是兵家大忌。他为追赶我军，轻骑兵一整夜急行三百余里，已是'强弩之末'。且曹军多系北方人，不习水性，不惯水战。再则荆州新失，城中百姓为曹操所胁，绝不会心悦诚服。现在假如将军的精兵能和我们并肩作战，定能打败曹军。曹军北退，自然形成三分天下的局面，这是难得的机会。"

孙权遂同意诸葛亮提出的孙刘联手抗曹的主张，这才有后来举世闻名的赤壁之战。诸葛亮真不愧为求人高手。

如果在生意场上，你居于弱势地位，当对方不肯轻易顺从你的意见，甚至显示出一种居高临下的姿态时，可以一上来就压制住对方，从而让对方屈从和改变主意，而你则反客为主，占据主动地位。生意场上，像一场没有硝烟的征战，谁能将主动权控制在手中，谁就能赢得制胜的先机，赢得更多的财富。

无事也要常登"三宝殿"

现在，人们常常无事也登"三宝殿"，他们懂得用电话、短信、邮件或上门拜访等方式，与朋友保持友好的关系。

王妍是某大学人文学院学工处的一名普通职员，她与经管系的系主任刘主任关系处得非常好，而且听说经管系主任很可能年内就会调任学工处处长一职，这样看王妍将来的日子会比较好过了。然而世事难料，年底人员调整时，刘主任却被调去当图书馆馆长了。这样一来，许多原本亲近刘主任的人立刻散得一干二净，让刘主任见识到了什么叫"人一走茶就凉"。就在这时，王妍来找刘主任，说道："刘主任，这没什么大不了的，哪天咱们一起去逛街散散心吧！"这正是刘主任最难过的时候，王妍的出现让刘主任感动得真不知道说什么好。从那以后，王妍有事没事就过去找刘主任聊天、逛街。

　　一年半后，该学院的院长调走了，新来的院长把刘主任提拔为主管人事的副院长，不用说王妍自然也跟着时来运转，她成了新一任的学工处处长。

　　王妍是个聪明人，她知道"三十年河东，三十年河西"这个道理，始终没有放弃她的贵人，也就为自己赢得了更美好的前途。

　　先做朋友，后做生意，这才是绝妙的商务法则。只要有时间，就要去拜访一下那些商场上的朋友，一起坐坐，聊聊天，互通信息的有无，说不定在这看似细微的言谈之间，你就抓住了你绝佳的发展契机。然而，前去拜访客户时要格外注意拜访的一些礼节，以免因小失大，引起客户的反感。

1. 遵时守约

　　要想做一个受欢迎的客人，首先就要严格遵守预约的拜访，切忌迟到，要知道浪费别人的时间等于谋财害命；预约的拜访不能准时赴约，要提前打电话通知对方，即使责任不在自己，也要表达一定的歉意。

2.妥善处置自带物品

在进客户办公室之前，要先看看鞋上是否带泥。擦拭之后，先敲门再走进去。雨具、外衣等要放到主人指定的地方。如果主人较自己年长，那么主人没坐下，自己不宜先坐下。自己的交通工具如自行车要锁好，放在不影响交通的地方，如果放的位置不好或忘锁被盗，不仅自己受损失，也给主人带来麻烦。

3.言行谨慎

在客户处做客，不能大大咧咧地径直坐到席上，而要等主人力邀才"恭敬不如从命"；等人时，不要左顾右盼；主人奉茶之后，先搁下来，在谈话之间啜之最为礼貌。如果要抽烟，一定要征得主人的同意，因为吸烟会危害他人的健康；如果客户处未置烟灰缸，多半是忌烟的；如果掏烟打火，让主人匆忙替你找烟灰缸，是尤其不尊重人的举动。

不争之争，才是上争的策略

在风景如画的美国加利福尼亚，年轻的海洋生物学家布兰姆做了一个十分重要的观察试验。

一天，他潜入深水后，看到了一个奇异的场面：一条银灰色大鱼离开鱼群，向一条金黄色的小鱼快速游去。布兰姆以为，这条小鱼在劫难逃了。然而，大鱼并未恶狠狠地向小鱼扑去，而是停在小鱼面前，平静地张开了鱼鳍，一动也不动。那小鱼见了，便毫不犹豫地迎上前去，紧贴着大鱼的身体，用尖嘴东啄啄西啄啄，好像在吮吸什么似的。最后，它竟将半截身子钻入大鱼的鳃盖中。几分钟以后，它们分手了，小鱼潜入海草丛中，那大鱼轻松地追赶自己的同伴了。

　　此后数月布兰姆进行了一系列的跟踪观察研究，他多次见到这种情景。看来，现象并非偶然。经过一番仔细观察，布兰姆认为，小鱼是"水晶宫"里的"大夫"，它是在为大鱼治病。鱼"大夫"身长只有三四厘米，这种小鱼色彩艳丽，游动时就像条飘动的彩带，因而当地人称它"彩女鱼"。

　　鱼"大夫"喜欢在珊瑚礁或海草丛生的地方游来游去，那是它们开设的"流动医院"。栖息在珊瑚礁中的各种鱼，一见到彩女鱼就会游过去，把它团团围住。有一次，几百条鱼围住一条彩女鱼。这条彩女鱼时而拱向这一条，时而拱向另一条，用尖嘴在它们身上啄食着什么。而这些大鱼怡然自得地摆出各种姿势，有的头朝上，有的头向下，也有的侧身横躺，甚至腹部朝天。这多像个大病房啊！

　　布兰姆把这条彩女鱼捉住，剖开它的胃，发现里面装满了各种寄生虫、小鱼以及腐蚀的鱼虫。为大鱼清除伤口的坏死组织，啄掉鱼鳞、鱼鳍和鱼鳃上的寄生虫，这些脏东西又成了鱼"大夫"的美味佳肴。这种合作对双方都很有好处，生物学上将这种现象称为"共生"。

在大海中，类似彩女鱼那样的鱼"大夫"共有 45 种，它们都有尖而长的嘴巴和鲜艳的色彩。

这些鱼"大夫"的工作效率十分惊人。有人在巴哈马群岛附近发现，那儿的一个鱼"大夫"，在 6 小时里竟接待了 300 多条病鱼。前来"求医"的大多是雄鱼，这是因为雄鱼好斗，受伤的机会较多；同时雄鱼比雌鱼爱清洁，除去脏东西后，它们便容光焕发，容易得到雌鱼的垂青。有趣的是，小小的彩女鱼在与凶猛的大鱼打交道时，不但没受到欺侮，还会得到保护呢。布兰姆对几百条凶猛的鱼进行了观察，在它们的胃里都没有发现彩女鱼。然而，他却多次看到，这些小鱼进入大鲈鱼张开的口中，去啄食里面的寄生虫，一旦敌害来临，大鲈鱼自身难保时，它便先吐出彩女鱼，不让自己的朋友遭殃，然后逃之夭夭，或前去对付敌害。

在这个例子中，我们看到了生物之间彼此依靠、共栖共生的生存事实，特别是彩女鱼与其他鱼类之间那种温情脉脉的共存关系，不由得让人感到一丝温馨。在人类社会中，也需要合作、共赢。合作是维持秩序、克服混乱的重要法则，一旦要各自居功、互不相让，这个法则必然遭到破坏，世间的秩序将无从谈起。

老子说："只有无争，才能无忧。"利人就会得人，利物就会得物，利天下就能得天下。从来没有听说过，独恃私利的人，能得大利的。所以善利万民的人，如同水滋润万物而与万物无争，不求所得。

所以不争之争，才是上争的策略。庸人不知，所以乐与相安；明白人知道，却也不怎么样。所以老子说："只有不争，所以天下无有能与他相争的了。"这就是虚己无我的作用。在生意场上，也可以以不争来争取获得更多的合作和利益。

设身处地为对方着想赢得信任

会打棒球的人都知道，当我们要接球时，应顺着球势慢慢后退，这样做的话，球劲儿便会减弱。与此相似，生意场上在与人合作的过程中，若能运用接棒球的那一套方法，使对方充分说出他的意见，认真倾听，并随时保持询问对方意见的风度，会很容易赢得对方信任，避免许多不必要的冲突。

杰克·凯维是加勒福尼亚州一家电气公司的一位科长，他一向知人善任，并且每当推行一个计划时，总是不遗余力地率先做榜样，将最困难的工作承揽在自己的身上，等到一切都上了轨道之后，他才将工作交给下属，而自己退身幕后。虽然，他这种处理事情的方法是很好的，但他太喜欢为人表率，所以常常让人觉得他似乎太骄傲了。

最近不知怎么搞的，一向神采奕奕的凯维却显得无精打采。原来最近的经济极不景气，资金方面周转不灵，再加上预算又被削减，使得科里的业务差点儿停顿。凯维看这种情形若继续下去，后果一定不可收拾。于是他实施了一套新方案，并且鼓励员工："好好干吧！成功之后一定不会亏待你们的。"但没想到眼看就要达到目标，结果还是功亏一篑，也难怪他会意志消沉了。平日对凯维就极为照顾的经理看了这些情形后，便对他说："你最近看起来总是无精打采的，失败的挫折感我当然能够了解，但是我觉得你之所以会失败，是因为你只是一味地注意该如何实现目标，却忽略了对人际关系的重视，如果你能多方考虑，并多为他人着想，这种问题一定能够迎刃而解。"经理停顿了一下，又接着说："大丈夫要能屈能伸，才是一个好的管理人员。我觉得你就是进取心太急切了，又总喜欢为员工做表率，而完全不考虑他们的立场，认为他们一定能如你所愿地完成工作，结果倒给了员工极大的心理压力。大概也就是因为这个缘故，大家都说你虽能干，但你的部属却很难为。每个人当然都知道工作的重要性，所以你大可不必再给他们施加压力。你好好休息几天，让精神恢复过来，至于工作方面，我会帮助你的。"

看了杰克·凯维的这一段亲身经历后，你一定也有相同的感触，那就是，要想在生意场上生存，并不是只靠热情与诚意便可取得成功的。如果不设身处地为自己的生意伙伴着想，你也不可能获得成功。只要你能奉"设身处地为对方着想"为圭臬，便可减少许多原可避免的困扰。

在生意场上总有那么一些人喜欢替别人乱出主意，或一开口便牢骚满腹，甚至喜欢改变别人，好管闲事。其实这两种人都并非人们所需要的人，一般人所需要的是可以理解他、了解他、安慰他、喜欢他的人。

"我理解你"，这短短四个字，就是你能向他人说出的最体贴、最温柔的一句话。换句话说，就是对方最乐于听到的一句话。

"我理解你"当你对人说出这句话时，表示你能体会他的心情及他说话的意思，而对他来说，你便具有强大的魔力，而且非常值得信任，也能为自己找到生意上的好伙伴。

当众拥抱你的敌人，化被动为主动

人和动物有些方面是不同的，动物的所有行为都依其本性而发，属于自然反应；但人不同，经过思考，人可以依当时需要，做出各种不同的行为选择，例如当众拥抱你的敌人。

在生意场上，当众拥抱你的敌人，这是件很难做到的事，因为绝大部分人看到"敌人"，都会有灭之而后快的冲动，或环境不允许或没有能力消灭对方，至少也保持一种冷淡的态度，可见要爱敌人多么困难。就因为难，所以人的成就才有高下之分、大小之分，也就是说，能当众拥抱敌人的人，他的成就往往比不能爱敌人的人大。

能当众拥抱敌人的人实际上是站在主动的地位，采取主动的人是制人而不受制于人的，你采取主动，不只迷惑了对方，使对方搞不清你对他的态度，也迷惑了第三者，使其搞不清楚你和对方到底是敌是友，甚至误认为你们已化敌为友。是敌是友，只有你心里明白，但你的主动，已使对方处于"接招""应战"的被动态势。如果对方不能也"爱"你，那么他将得到一个"没有器量"的评语，一经比较，二人的分量立即有轻重。所以当众拥抱你的敌人，除了在某种程度内降低对方对你的敌意外，还可以避免恶化你与对方的关系。换句话说，在敌友之间，留下了一条灰色地带，免得敌意鲜明。

此外，你的行为使对方失去攻击你的立场，若他不理你的拥抱而依旧攻击你，那么他必招致他人的谴责。

所以，竞技场上比赛开始前，二人都要握手敬礼或拥抱，比赛后也一样再来一次，这是最常见的"当众拥抱你的敌人"。

事实上，要当众拥抱你的敌人并不如想象中的那么难，只要你能克服心理障碍，你可以肢体上拥抱敌人，例如拥抱、握手。尤其是握手，这是较普遍的社交动作，你伸出手来，对方缩手的话，那是他的无礼；在言语上拥抱敌人，公开称赞对方、关心对方，表示你的诚恳，但切忌过火，否则会弄巧成拙。

有好处分他人一杯羹

一个人做事千万别做绝，好处全部得尽，这样的话你得势时虽然做到了初一，但等你失势时人家就会做到十五，到头来自己说不定就会落得个悲惨的下场，所以有好处时一定要分人一杯羹，这叫"与人方便，自己方便"。

能在社会里有所成就的人，一来可以认为自己运气太好，没有碰到厉害的角色；二来太会做人，达到了无懈可击的程度。一代"红顶商人"胡雪岩，便是做到了后者的处世高手。

清朝著名的"红顶商人"胡雪岩，他做人一个很重要的原则便是"利益均沾，资源共享"。这才成就了他一段"不朽"的传奇。

胡雪岩做生意，永远会把人缘放在第一位，"人缘"，对内指员工对企业忠心耿耿，一心不二；对外指同行的相互扶持、相互体贴。

胡雪岩对于金钱的看法是有他独到见解的，其中，很重要的一点便是与他人分一杯羹，好处共享。

有一次，胡雪岩打听到一个消息说外面运进了一批先进、精良的军火。消息马上得到进一步的确定，胡雪岩知道这又是一笔好生意，做成一定大有赚头。他立即找外商联系，凭借他老到的经验以及他在军火界的信誉和声望，胡雪岩很快就把这批军火生意搞定。

正当春风得意之时，他听商界的朋友说，有人在指责他做生意不仁道。原来外商已把这批军火以低于胡雪岩出的价格，拟订卖给军火界的另一位同行，只是在那位同行还没有付款取货时，就又被胡雪岩以较高的价格买走了，使那位同行丧失了赚钱的好机会。

胡雪岩听说这事后，对自己的贸然行事感到惭愧。他随即找来那位同行，商量如何处理这事。那位同行知道胡雪岩在军火界的影响，怕胡雪岩在以后的生意中与自己为难，所以就不好开列条件，只好推说这笔生意既然让胡老板做成了就算了，只希望以后留碗饭给他们吃。

事情似乎就这么轻易地解决了，但胡雪岩却不然，他主动要求那位同行把这批军火"卖"给他，同样以外商的价格，这样那位同行就吃个差价，而不需出钱，更不用担风险。事情一谈妥，胡雪岩马上把差价补贴给了那位同行。那位同行甚为佩服胡雪岩的商业道德。

如此协商一举三得，胡雪岩照样做成了这笔好买卖；没有得罪那位同行，博得了那位同行衷心的好感，在同行中声誉更加高了。这种通达的手腕和高超的做人"心机"日益巩固着他在商界的地位，成为他在商界纵横驰骋的法宝。

不乘人之危抢人饭碗是胡雪岩圆融的处事方式的具体体现。他一直恪守这一准则，使得他在商界获得了极好的名声。

胡雪岩在外经商多时，自己不愿意做官，显得身份低微，只买了个顶戴。后来王有龄身兼三大职务，顾不了杭州城里的海运局，正好胡雪岩捐官成功，王有龄就说要委任胡雪岩为海运局委员，等于王有龄在海运局的代理人。

对此，胡雪岩以为不可。他的道理也很简单，但一般人就是办不到，其中关键，在于胡雪岩会退一步为别人着想。胡雪岩直告王有龄，海运局里有个周委员，资格老、辈分早，如果王有龄让胡雪岩坐上这个位子，等于抢了周委员应得的好处。

这样一来，胡雪岩避免了将周委员的好处抢去，也避免为自己将来树立一个潜在的敌人。所以说，他的"舍"实在是极有眼光、有远见的。

利用同样的观念，胡雪岩还曾帮助了王有龄一次。

王有龄官场得意，身兼湖州府知府、乌程县知县、海运局坐办三职，王有龄在四月下旬接到任官派令，身边左右人等无不劝他，速速赶在五月一日接任视事。之所以有这等建议，理由很简单：尽早上任，尽早搂到端午节"节敬"。

清代吏治昏暗，红包回扣、孝敬贿赂乃是公然为之，蔚为风气。风气所及，冬天有"炭敬"，夏天有"冰敬"，一年三节另外还有额外的收入，称为"节敬"。浙江省本来就是江南膏腴之地，而湖州府更是膏腴中的膏腴，各种孝敬自然不在少数，王有龄四月下旬获派为湖州知府，左右手下各路聪明才智之士无不劝他赶快上路，赶在五月一日交接。如此一来，刚上任就能大捞"节敬"。

王有龄就此询问胡雪岩的意见，胡雪岩却说："银钱有用完的一天，朋友交情却是得罪了就没得救！"他劝王有龄等到端午节之后，再走马上任。

胡雪岩之所以这样建议是有多方面考虑的，王有龄不是湖州第一任知府，在他之前还有前任，别人在湖州府知府衙门混了那么久，就指望着端午节"节敬"，王有龄可以抢在端午节头里接事，抢前任的"节敬"，当然名正言顺。可是，这么一来，无形中就和前任结下梁子，眼前当然没事，但保不准日后什么时候就会发作。要是将来在要命关键时刻发作，墙倒众人推，落井猛下石，那可就划不来了。

胡雪岩深深明白，好处自己不能占绝，干什么事情都不能吃干抹净，一定要为对方着想，有好处时分给对方一杯羹，这样才不会结下怨仇，等你失势时别人才不会落井下石。胡雪岩精通做事的"机心"，数次避开可能出现的陷阱，不愧是一代经商奇才，值得有心人效仿。

图书在版编目（CIP）数据

情商高就是会社交 / 烟波编著 . — 长春 : 吉林文
史出版社 , 2018.10（2023.6 重印）
ISBN 978-7-5472-5438-7

Ⅰ . ①情… Ⅱ . ①烟… Ⅲ . ①情商—通俗读物②人际
关系学—通俗读物 Ⅳ . ① B842.6-49 ② C912.11-49

中国版本图书馆 CIP 数据核字 (2018) 第 220608 号

情商高就是会社交

书　　名：情商高就是会社交

编　　著：烟　波

责任编辑：程　明

封面设计：冬　凡

文字编辑：辛云梅

美术编辑：牛　坤

出版发行：吉林文史出版社

电　　话：0431-86037509

地　　址：长春市福祉大路 5788 号

邮　　编：130021

网　　址：www.jlws.com.cn

印　　刷：三河市吉祥印务有限公司

开　　本：145mm×210mm　1/32

印　　张：8 印张

字　　数：166 千字

印　　次：2018 年 10 月第 1 版　2023 年 6 月第 6 次印刷

书　　号：ISBN 978-7-5472-5438-7

定　　价：36.00 元